第二次
全国污染源普查
固定源普查制度设计

赵银慧　何立环　董广霞　敬　红　王军霞 / 编著

DI ER

QUANGUO WURANY

GUDINGYUAN PUCHA ZHIDU SHEJI

中国环境出版集团·北京

图书在版编目（CIP）数据

第二次全国污染源普查固定污染源普查制度设计/
赵银慧等编著. —北京：中国环境出版集团，2023.10
ISBN 978-7-5111-5655-6

Ⅰ. ①第… Ⅱ. ①赵… Ⅲ. ①固定污染源—污染
源调查—研究—中国 Ⅳ. ①X508.2

中国国家版本馆 CIP 数据核字（2023）第 200104 号

出 版 人 武德凯
责任编辑 曲 婷
封面设计 彭 杉

出版发行 中国环境出版集团
（100062 北京市东城区广渠门内大街 16 号）
网 址：http://www.cesp.com.cn
电子邮箱：bjgl@cesp.com.cn
联系电话：010-67112765（编辑管理部）
发行热线：010-67125803，010-67113405（传真）
印 刷 北京中献拓方科技发展有限公司
经 销 各地新华书店
版 次 2023 年 10 月第 1 版
印 次 2023 年 10 月第 1 次印刷
开 本 787×1092 1/16
印 张 15.25
字 数 300 千字
定 价 75.00 元

前　言

2006 年 10 月，国务院印发了《关于开展第一次全国污染源普查的通知》，定于 2008 年年初开展第一次全国污染源普查（以下简称"一污普"）。为了科学、有效地组织实施全国污染源普查，保障污染源普查数据的准确性和及时性，制定了《全国污染源普查条例》，规定全国污染源普查每 10 年进行 1 次，标准时点为普查年份的 12 月 31 日。2008—2009 年开展了第一次全国污染源普查，普查标准时点为 2007 年 12 月 31 日。2016 年 10 月国务院办公厅印发了《关于开展第二次全国污染源普查的通知》，定于 2017 年开展第二次全国污染源普查（以下简称"二污普"），普查标准时点为 2017 年 12 月 31 日。

污染源普查是一项专项调查，也是重大国情调查，普查的范围和内容由国务院批准的普查方案确定，采用全国统一的标准和要求。2017 年 9 月国务院办公厅印发了《第二次全国污染源普查方案》（以下简称普查方案），指出普查的工作目标是摸清各类污染源基本情况，了解污染源数量、结构和分布状况，掌握国家、区域、流域、行业污染物产生、排放和处理情况，建立健全重点污染源档案、污染源信息数据库和环境统计平台，为加强污染源监管、改善环境质量、防控环境风险、服务环境与发展综合决策提供依据。近年来，我国环境管理日趋精细化，特别是固定污染源精细化管理，对污染源普查的精细程度提出更高要求。为实现普查的工作目标，满足固定污染源精细化管理，国务院第二次全国污染源普查领导小组办公室委托中国环境监测总站开展了工业污染源和集中式污染治理设施普查制度的研究。

本研究围绕国务院印发的普查方案，对普查方案中各污染源的调查对象和范围、调查内容、调查方式以及污染物排放量的核算方法等内容规范化，研究提出工业污染源普查、集中式污染治理设施普查技术规定和报表制度。本书分三个篇章分别论述了第一次全国污染源普查的评估，第二次全国污染源普查工业源和集中式污染治理设施普查的设计思路、指标体系框架和研究成果，并从普查指标、核算方法等方面对比了两次普查的不同。希望本书能为排放源统计制（修）订和下一次全国污染源普查提供借鉴。

本书由中国环境监测总站参与该项工作的人员编写，由赵银慧、董广霞统稿，各章主要执笔人如下：

第一篇：第1章，张震、王军霞、敬红；第2章，王鑫、何立环；第3章，张震、赵学涛。

第二篇：第4章，董广霞、王军霞、杨露；第5章，董广霞、林兰钰、杨露；第6章，吕卓、马广文；第7章，吕卓、方德坤；第8章，李曼、王军霞；第9章，李曼、张凤英；第10章，赵银慧、王军霞；第11章，李曼、周密；第12章，吕卓、董广霞。

第三篇：第13章，赵银慧、张震；第14章，陈敏敏、赵银慧；第15章，赵银慧、赵文江；第16章，赵银慧、吕卓；第17章，陈敏敏、张震；第18章，陈敏敏、赵文江；第19章，王鑫、赵文江。

本书编写得到了生态环境部第二次全国污染源普查领导小组办公室和中国环境监测总站领导的大力支持与指导，在此一并表示感谢。由于第二次全国污染源普查涉及面广，内容庞杂，书中的疏漏之处敬请读者批评指正。

编写组

2022 年 12 月

目　录

第三篇　集中式污染治理设施普查技术研究

第一篇

概　述

第 1 章

研究背景

1.1 需求分析

根据《全国污染源普查条例》（中华人民共和国国务院令 第 508 号），全国污染源普查每 10 年开展一次。第一次全国污染源普查（以下简称"一污普"）已于 2007 年开展，2017 年应开展第二次全国污染源普查（以下简称"二污普"）。

2016 年 10 月 26 日，国务院印发《关于开展第二次全国污染源普查的通知》（以下简称《通知》），决定于 2017 年开始开展第二次全国污染源普查。《通知》指出，全国污染源普查是重大的国情调查，是环境保护的基础性工作。开展第二次全国污染源普查，掌握各类污染源的数量、行业和地区分布情况，了解主要污染物产生、排放和处理情况，建立健全重点污染源档案、污染源信息数据库和环境统计平台。这对于准确判断我国当前环境形势，制定实施有针对性的经济社会发展和环境保护政策、规划，不断改善环境质量，加快推进生态文明建设，补齐全面建成小康社会的生态环境短板具有重要意义。

污染源普查范围广，内容多且专业性强，涉及的部门多，工作难度大。为做好"二污普"工作，2015 年 12 月 9 日，环境保护部部常务会研究决定，将开展普查工作的相关建议上报国务院。会议要求充分认识做好"二污普"的重要性，积极做好前期各项准备工作，对普查的目的、技术要求、质量保证、新增普查内容等都提出了明确要求，做出了提前谋划、总体安排、积极推进、尽早开展前期准备工作的任务部署，并责成大气环境管理司（原污染物排放总量控制司）具体负责落实此项工作。因此，在专门的普查机构成立以前，有必要尽快对"二污普"的总体方案和设计开展前期研究。调查方案是污染源普查的技术核心和难点。对污染源普查的调查方案进行框架设计，对保障污染源普查的顺利开展至关重要。

为做好"二污普"框架设计研究，尤其是明确工业污染源（以下简称工业源）和集中式污染治理设施的调查对象、调查内容与技术路线，中国环境监测总站通过实地走访调研、座谈会等形式听取原环境保护部相关部门、各省级环境保护厅（局）、部属单位、行业专家等多方意见，梳理出包括排污许可证的实施保障、排放标准的制定和更新、城市环境空气质量管理、流域水环境质量管理、固体废物管理，摸清农业污染源、重点行业危险废物、有毒化学物、电子废物调查、环境健康风险评估等方面的调查期望。

同时，结合当时实现生态环境质量总体改善的目标，以及国务院先后印发的《大气污染防治行动计划》（以下简称"大气十条"）、《水污染防治行动计划》（以下简称"水十条"），"二污普"的目标应是服务于推进生态文明建设、服务于"十四五"及今后环境保护的总体目标和重大工作任务。以上述目标和任务为出发点和落脚点，普查工作应满足以下需求：

一是普查结果要反映经济社会发展变化，为宏观决策服务。

环境数据是重要的国情数据。高质量的环境数据是国家社会经济发展规划以及经济社会决策制定的重要支撑和直接依据。例如，国民经济和社会发展规划、国家能源发展规划、全国环境保护和生态保护规划、火电钢铁等行业发展规划编制等，都需要环境数据作为重要的支撑。近年来，随着经济的发展、城镇化的提高、经济结构的调整，我国第三产业产值超过了第二产业，第二产业内部结构发生了变化，群众的消费需求和消费模式也发生了变化，导致无论是工业源还是城镇生活污染状况都在不断发生变化。一方面，经济增长速度由高速转向中高速，产业结构由低端迈向中高端，结构调整、转型升级，有利于降低单位产值污染物排放强度，但高能耗、高污染、低产出、低效益的工业模式未发生根本改变；另一方面，随着我国工业化、城镇化、农业现代化的快速发展，经济总量和污染物排放量仍处于高位，环境保护面临前所未有的压力。传统的大气煤烟型污染尚未得到解决，细颗粒物（$PM_{2.5}$）、挥发性有机物（VOCs）和臭氧（O_3）等新型污染问题接踵而至，资源性缺水问题尚未得到根治，水质性缺水问题又进一步凸显。城镇化的快速发展，不仅是城镇人口的变化增加，也使生活垃圾、生活污水等各种污染物的排放量发生巨大变化。

污染源普查是对污染源排放量的普查，更是对国家环境保护技术水平的普查，也是对各行业发展状况的普查。其应用不仅在环境保护领域，旨在反映污染源的活动水平，实际上更是整个国家社会经济发展调查的缩影。污染源反映的是社会发展水平、经济活动水平。通过污染源普查收集的信息，可以作为对行业环境保护技术绩效的评估，对产业结构调整、促进行业技术进步等起到基础信息作用，同时也能够充分地反映行业发展情况、行业的分布、地区之间的差异、城市之间的发展情况比对、农村发展规划等内容，为确立环境资源开发利用底线、指导城市经济发展、区域协同发展，实现经济社会发展与环境保护"双赢"等方面的研究提供系统的数据支持。

二是适应以改善环境质量为核心的环境管理需求，为建立健全环境质量管理体系提供技术支持。

我国目前资源约束趋紧，历史欠账多，环境承载能力已达到或接近上限，生态环境已成为全面建成小康社会的"短板"和"瓶颈"制约。改善环境质量是新时期环境保护工作的中心任务。"十一五"和"十二五"总量控制工作卓有成效,对各地的环境质量改善发挥了积极的作用。但是,目前我国经济粗放型发展方式还未得到根本扭转,新的环境问题不断显现。传统的大气煤烟型污染尚未得到解决,$PM_{2.5}$、VOCs 和 O_3 等新型污染问题接踵而至,根据 2015 年全国环境质量状况的初步统计,338 个地级以上城市中有 265 个城市空气质量不达标,超标天数中以 $PM_{2.5}$ 为首要污染物的居多;全国七大流域和重点湖泊水质,影响地表水环境质量的指标,除化学需氧量、氨氮超标外,总磷也是主要超标污染物。城镇生活面源、机动车和非道路移动源对环境质量的影响在大城市也呈逐渐加重趋势。

"二污普"必须适应以改善环境质量为核心的环境管理需求,着眼于具有全局性、普遍性的突出环境问题,突出重点,合理对调查对象进行分类,界定重点调查对象和范围、调查内容和污染物,为建立健全环境质量管理体系,贯彻落实大气、水、土壤污染防治三大行动计划,改善环境质量提供基础支撑。

三是普查结果要为环境风险防范及管理提供基础信息。

当前和今后一段时期是我国环境高风险期,有的是环境自身的问题,有的是衍生出来的问题,区域性、布局性、结构性环境风险更加突出。例如,化工产业结构和布局不合理,布局总体呈现近水靠城的分布特征,12%的危险化学品企业距离饮用水水源保护区、重要生态功能区等环境敏感区域不足 1 千米,10%的企业距离人口集中居住区不足 1 千米等。

建立以保障人体健康为核心、以改善环境质量为目标、以防控环境风险为基线的环境管理体系,建立健全危险化学品、危险废物等环境风险防范与应急管理工作机制,是《中共中央 国务院关于加快推进生态文明建设的意见》要求的"建立系统完整的生态文明制度体系"的主要任务。随着技术进步和经济快速发展,在生产过程中使用危险化学品、产生危险废物、排放重金属的企业越来越多,与之相关的环境事件时有发生,危及人民群众生命财产安全,严重影响环境安全。与废弃物焚烧相关的持久性有机物排放风险,也已成为社会公众关注的环境热点问题。目前,日常的环境管理中,对危险化学品的生产、使用、加工和高污染、高环境风险行业的基本情况以及地区分布情况掌握得不全面、底数不清。污染源普查中,应按照合理界定范围、把握重点的原则,适当增加潜在环境风险调查内容与指标,为环境风险源排查及后续管理提供基础信息,为进一步强化环境风险管控提供支持。

四是适应建立健全统一的污染源监管体系、全面推进污染防治的需求,为建立全国污染源数据库奠定基础。

改善环境质量的关键在于加强对污染源的监管、控制污染物排放,工业污染的防控、城市环境质量的改善是污染防治、环境监管的核心和重点。"一污普"距今已 10 年,我国工业的产业结构和空间布局,均发生了较大变化。根据第三次全国经济普查数据,2013 年全国工业法人单位有 241 万个左右,而"十二五"期间,环境统计调查的重点工业企业基本保持在 15 万家左右。全国环境保护执法大检查发现,各地违法违规建设项目也有不少未纳入环境统计调查和污染源日常监管的范围。据统计，2016 年上半年在检查的 62 万余家企业中，存在违法建设项目的企业有 3 万余家。重点、全面、详细调查工业源仍是"二污普"的重点和核心任务，将原则性的管理要求在源层面更加细化和明确化，适应环境管理具体化、精细化的要求。以前对排放源的基本信息和活动水平信息调查内容不够详细、调查统计侧重于排放量的有关情况，应进一步强化污染源基本情况和活动水平信息调查。通过普查建立排污单位基本名录库，以此为核心支撑，对接污染源监测信息集成共享与公开系统、排污许可管理平台、环境统计数据系统，构建规范化、标准化、与现代信息化技术发展相适应的全国统一的污染源监管大数据平台。

五是推进环境信息公开，强化社会监督。

《生态文明体制改革总体方案》要求："健全环境信息公开制度。全面推进大气和水等环境信息公开、排污单位环境信息公开、监管部门环境信息公开。"在 2016 年全国环境保护工作会议上，时任环境保护部部长陈吉宁强调：建设国家污染源数据库，构建国家统管、四级联网、面向公众、社会公开的信息平台。"二污普"，除依法公布普查数据和结果，在信息化建设方面，还应考虑基于生态环境的大数据平台、充分利用现代化信息技术，建设支撑环境信息和污染源信息公开的普查数据管理系统，建立开放式的普查成果应用和深度开发平台。

"一污普"通过污染源排放污染物的核算，通过监测实测、产污系数、物料衡算等环境统计方法将重点放在说清排放量上；从摒弃总量控制，以改善环境质量为核心的政策来说，说清楚排放量仅是"二污普"的最初级目标。"二污普"的重点需要放在污染源活动的水平上。在新《环境保护法》、"大气十条"、"水十条"、"土十条"相继出台的背景下，污染源普查的数据支撑至关重要，环境空气质量预报、河长制的控制对象、土壤环境质量改善都迫切需要摸清污染源现状及其活动水平。"二污普"的作用不仅是设置一个数据的节点，也要创新污染源数据收集方式和渠道，保证污染源数据的动态更新和数据统计管理机制，以便长期提供决策支持。例如，未来排污许可证制度施行的支撑；环境保护技术绩效保证排放标准的制定和更新；建立城市大气污染物排放清单；明晰排入受纳水体的污染源情况；严格跟踪固体废物的流转、处置和利用，尤其关注危险废物和危险化学品的处置；评估农村生产、生活对土壤环境的影响等。这些数据不能是狭隘孤立的存在，而应该是通过大数据架构实现拆选整合，实现数据应用的随时转化和有机组合。

1.2　研究目标及内容

1.2.1　总体目标

为保证普查结果更好地服务于决策，以既有环境统计工作和统计理论为基础，实现普查的最终目的为主要目标，制定主要面向"二污普"的技术规定和普查制度，以及数据质量控制技术规定等，为污染源普查工作顺利开展提供技术支持。

1.2.2　具体目标

为保证普查工作的顺利开展，按时完成普查工作，实现普查的工作目标，对普查方案中各污染源的调查对象和范围、调查内容、调查方式以及污染物排放量的核算方法等内容进行规范，研究提出工业源普查、集中式污染治理设施普查技术规定和报表制度；研究制定普查数据质量控制技术规定、质量核查工作细则和质量核查技术规范，并为生态环境部第二次全国污染源普查工作办公室提供质量控制实施技术支持工作。保证普查数据的规范性、完整性、合理性、一致性和准确性。

1.2.3　主要的研究内容

1.2.3.1　"一污普"回顾与总结

全面总结"一污普"的经验，科学评估"一污普"中调查方案的优缺点，分析调查对象、调查范围、调查方法、技术路线、核算方法等方面的特点，总结出"二污普"可借鉴的方法和应予以优化的环节，并提出对"二污普"的政策及建议。

1.2.3.2　工业源与集中式污染治理设施普查技术研究

借鉴"一污普"的相关经验，充分考虑各部门对"二污普"的需求，客观评价对各类污染源和污染物开展普查的基础和可行性，根据普查对象、调查内容与技术路线，开展工业源和集中式污染治理设施普查技术研究，提出报表指标体系设计原则和总体思路，制定普查技术规定，细化普查对象与范围，明确填报要求，制定污染物产排量核算方法等；设计完成工业源和集中式污染治理设施普查表及配套的指标解释。

由于放射性污染源调查相对专业和独立，本书未包括相关内容。工业园区与工业源差异较大，在本书中单独进行介绍。

质量控制和质量核查方面的研究内容本书不进行介绍。

第 2 章

国内外统计调查制度

2.1 我国污染源统计调查制度

2.1.1 第一次全国污染源普查（"一污普"）

2.1.1.1 普查对象

"一污普"标准时点为 2007 年 12 月 31 日，时期为 2007 年度，调查对象包含境内所有排放污染物的工业源、农业源、集中式污染治理设施和生活源。

（1）工业源普查对象：《国民经济行业分类》（GB/T 4754—2002）中采矿业，制造业，电力、燃气及水的生产和供应业 3 个门类 39 个行业的所有产业活动单位。产业活动单位包括：经各级工商行政管理部门核准登记，领取营业执照的各类工业企业生产单位；未经有关部门批准但实际从事工业生产经营活动、有或可能有污染物产生的产业活动单位。

（2）农业源普查对象：种植业污染源、畜禽养殖业污染源和水产养殖业污染源。其中，种植业污染源主要针对粮食作物（包括谷类、豆类和薯类）、经济作物（包括棉花、麻类、桑类、油料、糖料、烟草、茶、花卉、药材、果树等）和蔬菜作物（包括根茎叶类、瓜果类、水生类）的主产区开展；畜禽养殖业污染源以舍饲、半舍饲规模化养殖单元为对象，针对猪、奶牛、肉牛、蛋鸡和肉鸡养殖过程中产生的畜禽粪便和污水开展普查；水产养殖业污染源以池塘养殖、网箱养殖、围栏养殖、工厂化养殖以及浅海筏式养殖、滩涂增养殖等有饲料、渔药、肥料投入的规模化养殖单元为对象，针对鱼、虾、贝、蟹等养殖过程中产生的污染物开展普查。

（3）集中式污染治理设施普查对象：污水处理厂、垃圾处理厂（场）、危险废物处置厂和医疗废物处置厂等。其中污水处理厂包括所有城镇污水处理厂、工业废（污）水集中处理设施和其他污水处理设施；垃圾处理厂（场）包括垃圾填埋厂（场）、垃圾堆肥厂（场）

和垃圾焚烧厂（场）（包括垃圾发电厂）。

（4）生活源普查对象：第三产业中具有一定规模的住宿业、餐饮业、居民服务和其他服务业（包括洗染服务业、理发及美容保健服务业、洗浴服务业、摄影扩印服务业、汽车、摩托车维护与保养业）、医院、有独立燃烧设施的单位（除第二产业中纳入工业源普查的对象外）和机动车；城镇居民生活污染源普查对象为设区城市的区、县城（县级市）、建制镇（不包括村庄和集镇）。

2.1.1.2　普查内容

（1）工业源普查内容："一污普"将工业源划分为重点污染源和一般污染源，分别进行详细调查和简要调查。其中，重点污染源普查内容：①工业企业的基本情况，包括单位名称、代码、位置信息、联系方式、经济规模、登记注册类型、行业分类等；②主要产品、主要原辅材料消耗量、能源结构和消耗量以及与污染物排放相关的燃料含硫量、灰分等；③用水、排水情况，包括排水去向信息；④各类产生污染的设施情况，以及各类污染处理设施建设、运行情况等；⑤废水和废气的产、排污及综合利用情况；⑥固体废物（包括危险废物）的产生、利用、处置、贮存及倾倒、丢弃情况；⑦污染源监测结果；⑧电磁辐射设备和放射性同位素与射线装置情况。另外，针对化学原料及化学品制造业（C26），纺织业（C17），造纸及纸制品业（C22），黑色金属冶炼及压延加工业（C32），有色金属冶炼及压延加工业（C33），电气机械及器材制造业（C39），电力、热力的生产和供应业（D44），有在用、报废含多氯联苯的电容器、变压器的企业等增加了持久性有机污染物和消耗臭氧层物质调查。

（2）农业源普查内容：①种植业污染源主要普查我国粮食作物、经济作物和蔬菜作物主产区在种植业生产过程中污染物的产生、流失情况；②畜禽养殖业污染源主要普查猪、奶牛、肉牛、蛋鸡、肉鸡在规模养殖条件下污染物的产生、排放情况；③水产养殖业污染源主要普查鱼、虾、贝、蟹等在规模养殖条件下污染物的产生情况。

（3）集中式污染治理设施普查内容：①单位基本情况，包括单位名称、代码、位置信息、联系方式等；②污染治理设施建设与运行情况；③能源消耗，污染物处理、处置和综合利用情况；④二次污染的产生、治理、排放情况；⑤污染物排放量和监测数据等。

（4）生活源普查内容：①城镇居民生活污染源：生活用能源结构、能源消费量、平均硫分、平均灰分等能源消费；生活用水总量、居民家庭用水总量、排放去向和受纳水体等用水、排水情况；生活垃圾清运量、生活垃圾处置方式及处置量等生活垃圾处置情况；②住宿业与餐饮业、居民服务和其他服务业、医院、独立燃烧设施、机动车等其他污染源污染物排放和治理情况。

2.1.1.3　核算方法

工业源和集中式污染治理设施源核算方法

采用实际监测法、产排污系数法及物料衡算法核算污染物的产生量和排放量。污染源以实际监测法和产排污系数法为主核算污染物的产生量和排放量，物料衡算法只在无法采用实际监测法和产排污系数法核算时采用。

①实际监测法：监测数据包括普查监测数据、历史监测数据和在线监测数据。其中，历史监测数据包括生态环境部门对该企业进行监督性监测数据（以下简称监督监测数据）、建设项目环保竣工验收监测数据（以下简称验收监测数据）、企业委托监测数据和企业自测数据，普查监测数据、监督监测数据由当地普查机构提供给普查对象。采用各种实际监测法获得的数据必须符合相关规定，才能作为有效数据，用于核算污染物的产生量和排放量，优先采用普查监测。

②产排污系数法：产排污系数法是指根据《产排污系数手册》提供的工业行业产排污系数，核算普查对象污染物的产生量和排放量。根据产品、生产过程中产排污的主导生产工艺、技术水平、规模等，选用相对应的产排污系数，结合本企业原辅材料消耗、生产管理水平、污染治理设施运行情况，统一采用第一次全国污染源普查工作办公室印发的《产排污系数手册》核算产、排污量，不得采用其他各类产排污系数或经验系数。《产排污系数手册》中没有涉及的行业，可根据企业生产采用的主导工艺、原辅材料，类比采用相近行业的产排污系数进行核算。

③物料衡算法：物料衡算法是指根据物质质量守恒原理，对生产过程中使用的物料变化情况进行定量分析的一种方法。采用物料衡算法核算污染物产生和排放量时，应对企业生产工艺流程和能源、水、物料投入、使用、消耗情况进行充分调查、了解，从物料平衡分析着手，对企业的原材料、辅料、能源、水的消耗量、生产工艺过程进行综合分析，使测算出的污染物产生量和排放量能够比较真实地反映企业在生产过程中的实际情况。

2.1.1.4　"一污普"报表制度与技术规定的优点

（1）调查范围进一步扩大

与"十五"环境统计比较，围绕环境管理需求，新增了农业源、机动车源和集中式污染治理设施，污染物排放调查种类相应增加。

（2）建立了相对完善的产排污系数体系

研究制定了包括工业源、农业源、生活源、机动车排放源、集中式污染治理设施源等排放源的"一污普"产排污系数体系，行业门类更为齐全，产排污环节较为全面，工艺产品标准规范。

（3）对调查表进行了优化设计

采用"详表+简表"的形式，提高了小型企业的填报效率，操作便利性较强；对部分调查内容进行了细化，对废水治理设施的工艺、能力、方法、效率等进行逐套调查，对工业锅炉、窑炉等主要废气源的治理工艺、效率进行逐个调查；对污染物排放量核算过程进行记录，重点调查企业利用产排污系数和监测数据法核算排放量的核算过程均要填报。

2.1.1.5 "一污普"报表制度与技术规定的不足

（1）对废水污染物排放量的界定不尽合理

普查中企业的废水污染物排放量界定为厂界排放量，未考虑企业经污水处理厂处理后排入外环境的排放量，因此在核算区域分源排放量时存在难度。

（2）污染物排放量核算方法不够细致

如对废气污染物监测次数的规定偏低，使用验收监测等低频次的监测数据核算污染物排放量偏差较大；部分产排污系数对于短链条生产企业适用性不强；部分行业物料衡算法使用不足；采用不同的核算方法所得结果差异较大时的取值原则不够严谨；等等。

（3）部分内容调查难度大，效果不好

持久性有机污染物、含多氯联苯电容器（变压器）、消耗臭氧层物质等内容过于专业，调查效果不理想。

2.1.2 环境统计

2.1.2.1 调查范围

环境统计年报制度的实施范围为有污染物排放的工业源、农业源、生活源、机动车，以及实施污染物集中处置的污水处理厂、生活垃圾集中处置厂（场）、危险废物（医疗废物）集中处理厂等。

（1）工业企业污染排放及处理利用情况的年报范围为有污染物产生或排放的工业企业。具体指《国民经济行业分类》（GB/T 4754—2011）中的采矿业，制造业，电力、燃气的生产和供应业，调查对象为 3 个门类中 41 个行业的全部工业企业（不含军队企业），即行业代码前两位为 06～45 的，包括经各级工商行政管理部门核准登记，领取营业执照的各类工业企业以及未经有关部门批准但实际从事工业生产经营活动、有或可能有污染物产生的工业企业。

（2）工业企业污染防治投资情况的年报范围为调查年度内施工的老工业源的污染治理投资项目，以及当年完成"三同时"环保验收的工业类建设项目。

（3）农业源污染排放及处理利用情况的年报范围为大型畜禽养殖场。以舍饲、半舍饲规模化的生猪、奶牛、肉牛、蛋鸡和肉鸡养殖单元为调查对象，其中，大型畜禽养殖场规模为生猪≥5 000 头（出栏）、奶牛≥500 头（存栏）、肉牛≥1000 头（出栏）、蛋鸡≥15 万羽（存栏）、肉鸡≥30 万羽（出栏）。

（4）生活污染情况的年报范围为城镇的生活污水排放以及除工业生产、建筑、交通运输以外的生活及其他活动所排放的废气中的污染物，包括国民经济行业分类（GB/T 4754）中的第三产业以及居民生活污染源。居民生活污染源的"城镇"范围包括城区和镇区。城区是指在市辖区和不设区的市、区、市政府驻地的实际建设连接到的居民委员会和其他区域。镇区是指在城区以外的县人民政府驻地和其他镇，政府驻地的实际建设连接到的居民委员会和其他区域。与政府驻地的实际建设不连接，且常住人口在 3 000 人以上的独立的工矿区、开发区、科研单位、大专院校等特殊区域及农场、林场的场部驻地视为镇区。

（5）机动车的年报范围为载客汽车、载货汽车、三轮汽车及低速载货汽车、摩托车等机动车的废气污染物排放。

（6）集中处理处置情况的年报范围为污水处理厂、生活垃圾集中处置厂（场）、危险废物（医疗废物）集中处理厂。其中污水处理厂包括所有城镇污水处理厂、工业废（污）水集中处理设施、其他污水处理设施和有能耗的动力式农村污水处理厂，垃圾处理厂（场）包括垃圾填埋厂（场）、垃圾堆肥厂（场）和垃圾焚烧厂（场）（包括垃圾发电厂）。

环境统计季报制度的实施范围为国家重点监控工业企业和污水处理厂。调查内容为污染物产生、排放及治污设施运行等情况。

2.1.2.2 调查内容

（1）工业源：单位名称、代码、位置信息、联系方式、企业规模、登记注册类型、行业分类等工业企业的基本情况；主要产品、主要原辅材料及消耗量、主要能源及消耗量，以及所用燃料的含硫量、灰分等；用水、排水情况，包括排水去向信息；各类污染治理设施运行情况等；废水和废气污染物的产生、排放情况；一般工业固体废物的产生、利用、处置、贮存及倾倒丢弃情况；危险废物的产生、利用、处置、贮存及倾倒丢弃情况。非重点调查工业源调查内容包括用煤、用水、排水情况，主要废水、废气污染物的排放情况，一般工业固体废物的产生、利用、处置、贮存及倾倒丢弃情况。

（2）农业源：畜禽养殖场基本情况、畜禽养殖种类、饲养量、饲料使用量、固肥和液肥的产生和利用量、利用方式等。

（3）生活源：人口、用水、生活能源消费情况以及生活源废水、废气污染物排放量。

（4）集中式污染治理设施：单位名称、代码、位置信息、联系方式等单位基本情况，污染治理设施建设与运行情况，能源消耗、污染物处理、处置和综合利用情况，二次污染的产生、治理、排放情况。

（5）机动车：各地市机动车保有量以及汽车尾气中主要污染物的排放情况。

2.1.2.3 调查方法

（1）工业企业污染排放及处理利用情况年报的调查方法为对重点调查单位逐个发表填报汇总，对非重点调查单位的排污情况实行整体估算。

重点调查工业企业是指主要污染物排放量占各地区（以地市级行政区域为基本单元）全年排放总量85%以上的工业企业。

重点调查单位的筛选原则：①废水、化学需氧量、氨氮、二氧化硫、氮氧化物、烟（粉）尘、挥发性有机物排放量及工业固体废物产生量满足定义要求；②有废水或废气重金属（砷、镉、铅、汞、六价铬或总铬）产生的工业企业，有危险废物产生的工业企业等。

非重点调查单位的估算方法：以地市级行政单位为基本单元，根据重点调查企业汇总后的实际情况，估算非重点调查单位的相关数据，并将估算数据分解到所辖各县（市、区、旗）。以重点调查单位的排放总量作为估算的对比基数，采取"比率估算"的方法，即按重点调查单位排放总量变化的趋势（与上年相比排放量增加或减少的比率），等比或将比率略做调整，估算出非重点调查单位污染物排放量。

（2）农业源中畜禽养殖业的调查方法为对大型畜禽养殖场逐个发表调查，根据固肥和液肥的产生情况和利用情况，估算固肥和液肥排入环境的情况，根据固肥和液肥中养分含量，估算污染物排放量。

（3）生活污染排放及处理情况年报的调查方法为依据城镇人口、能源消费量等相关基础数据，采取排污系数法或物料衡算法，核算生活源废水、废气污染物排放量。

（4）生产及生活中产生的污染物集中处理处置情况年报的调查方法为对集中处理处置单位逐个发表填报汇总，包括污水处理厂、生活垃圾集中处置厂（场）、危险废物（医疗废物）集中处理厂。集中式污染治理设施二次污染的污染物产生、排放量主要采用实际监测法和产排污系数法核算（核算方法使用要求同工业源）。其中，污水处理厂污泥、废物焚烧残渣可按运行管理的统计报表填报。

（5）机动车污染排放情况年报的调查方法为依据来源于国家或地方公安交通管理部门的机动车保有量数据，采用排污系数法核算机动车尾气污染物排放量。

2.1.2.4 环境统计制度与技术规定的优点

（1）报表间的关系比较清晰，企业整体的概念较强。环境统计中每家企业的整体情况在一般工业企业报表中进行整体体现，该报表与重点行业报表间有数据逻辑关系限制。

（2）与环境统计调查频次相对较高相适应，调查指标相对精简。

（3）非重点估算的方式能够降低调查难度，提高环境统计工作效率。

2.1.2.5 环境统计制度与技术规定的不足

（1）调查精度相对较低，除火电、水泥、钢铁对重点排污设备进行逐个调查外，其他的都只能精细到企业层次，无法精细到排放口或排污设备。

（2）污染治理设施调查较为笼统，且与污染物的产生、排放对应关系不强。

2.1.3 大气污染源排放清单

大气污染源排放清单（以下简称清单）是识别各类大气污染物来源的工具，也是制定实施精细化污染控制措施的重要基础，在美国、欧洲、日本等发达国家和地区的大气环境管理体系中都发挥着不可替代的作用。为坚决打好污染防治攻坚战，《打赢蓝天保卫战三年行动计划》要求，"常态化开展重点区域和城市源排放清单编制、源解析等工作，形成污染动态溯源的基础能力"，全面提升大气环境管理系统化、科学化、法治化、精细化和信息化水平。

自 20 世纪 80 年代以来，环境管理部门通过建立和不断完善环境统计、污染源普查、排污许可、重点源在线监测等系统，逐步构建了多渠道污染源排放信息体系，实现了对工业源 SO_2、NO_x 和烟粉尘排放量的核算和动态更新，以及对农业、生活和机动车等污染源排放量的统计。但是，目前的污染源数据体系对大气污染源和污染物的覆盖尚不全面，不能在生产线尺度解析污染物排放特征和减排潜力，无法和模型工具有效对接并支撑针对 $PM_{2.5}$、O_3 等复合污染的控制决策制定和预报预警工作。

针对这一"短板"，生态环境部从 2014 年起，着力通过技术方法集成和业务化工作体系建设，推进清单编制及其成果在日常管理中的应用。2014 年，基于各类科研项目开发的清单编制技术方法，相继颁布了多项排放清单编制技术指南，规范了重点污染源和关键污染物的清单编制技术方法；2015 年启动了 14 个城市清单编制试点工作；2016 年启动了"2+26"城市大气污染源排放清单编制工作，完成了初次清单业务化实践，收集了数以十万计的污染源信息；2020 年，清单业务化工作范围扩展到汾渭平原和长三角地区。上述工作为重点城市的"一市一策"科研和秋冬季攻坚等管理工作提供了重要的基础数据。

2.1.3.1 调查范围

大气污染源排放清单调查范围分为化石燃料固定燃烧源、工艺过程源、移动源、溶剂使用源、农业源、扬尘源、生物质燃烧源、储存运输源、废弃物处理源和其他排放源十大类人为大气污染源。

针对污染物产生机理和排放特征的差异，按照部门/行业、燃料/产品、燃烧/工艺技术以及末端控制技术将每类排放源分为四级，自第一级至第四级逐级建立完整的排放源分类分级体系。第三级排放源重点识别排放量大、受燃烧/工艺技术影响显著的重点排放源。对于排放量受燃烧/工艺技术影响不大的燃料和产品,第三级层面不再细分,在第二级下直接建立第四级分类。大气污染源排放清单第一、二级排放源分类见表2-1。

表2-1 大气污染源排放清单第一、二级排放源分类

一级源分类	二级源分类
化石燃料固定燃烧源	电力供热
	工业锅炉
	民用锅炉
	民用燃烧
	小计
工艺过程源	冶金
	建材
	石化与化工
	化纤
	医药制造
	其他工业
	小计
移动源	道路移动源
	非道路移动源
	小计
溶剂使用源	印刷印染
	表面涂层
	农药使用
	其他溶剂
	小计
农业源	畜禽养殖
	氮肥施用
	秸秆堆肥
	固氮植物
	土壤本底
	人体粪便
	小计
扬尘源	堆场扬尘
	工地扬尘
	道路扬尘
	土壤扬尘
	小计
储存运输源	加油站
	油气储存
	油气运输
	小计
生物质燃烧源	工业生物质锅炉
	生物质炉灶
	生物质开放燃烧
	小计
废弃物处理源	废水处理
	固体废物处理
	烟气脱硝
	小计
其他排放源	餐饮
	小计
合计	

2.1.3.2 调查内容

围绕 SO_2、NO_x、PM_{10}、$PM_{2.5}$、VOCs、NH_3、CO、黑碳（BC）、有机碳（OC）等大气污染物排放量核算需求，生态环境部组织设计了大气污染源排放清单调查表，根据排放计算的完整性、可扩展性，调查工作开展效率、难度，企业数据的可获得性等原则，设计了适用于规上企业的通用版调查表；在通用版调查表的基础上考虑行业特点，定制化设计了适用于工序复杂或特殊行业规上企业的专用版调查表；在通用版调查表的基础上精简字段，设计了适用于规下企业的简化版调查表。

（1）通用版调查表

通用版调查表综合了常见工业行业的特点，内容设置普适性较强，适用于一般的规上企业。通用调查表共设置 10 张表、1 页汇总封皮，企业可根据本企业实际生产情况选择调查表进行填写。10 张调查表分别为企业基本信息表、产品及燃料信息表、排放口信息表、自备发电机组信息表、锅炉信息表、窑炉信息表、原辅料及产品信息表、溶剂使用信息表、有机液体储罐及装卸信息表、露天堆场信息表。

（2）专用版调查表

针对工序复杂或工序特殊的行业，在通用版调查表的基础上充分考虑行业自身特点，定制化设计了专用调查表，适用于特定行业的规上企业。其中主要包括电力行业、钢铁行业、水泥行业、玻璃行业、石化、化工、化纤、医药行业。

以钢铁行业为例，其生产工序较多，产生废气的环节众多，在调查过程中主要关注其生产过程及原辅料储存信息。需要填写的调查表包括钢铁行业企业基本信息表、自备发电机组信息表、锅炉信息表、炼焦工序信息表、烧结工序信息表、球团工序信息表、炼铁工序信息表、炼钢工序信息表、轧钢信息表、石灰石信息表、露天堆场信息表、有机液体储罐信息表。

（3）简化版调查表

考虑到规模较小的企业填写通用版调查表的难度较大，在通用版的基础上进行字段精简，设计了简化版调查表，适用于规下企业。通用版设置 1 张调查表，只录入企业基本信息、产品信息、锅炉信息、溶剂信息及堆场信息。

该套调查表根据不同行业的特点，能够具体到排污设备或产品，调查的精度相对较高。该套调查表的主要不足为表间关系不强，以企业为整体的概念体现不足。

2.1.3.3 清单编制技术方法

大气污染源排放清单可以分为不同时空精度清单。空间精度上，可以分为全球、区域、国家、省、市、县、企业/设备等清单。时间精度上，可以分为年度、季度、月度甚至是实时排放清单。目前，我国重点区域城市清单编制范围需要覆盖城市所有区、县。对于工业企业、规模化畜禽养殖场、施工工地等固定点源开展点源调查及核算，对于道路移动源、农业氮肥施用、道路烟尘等面源排放量通过获取区、县级宏观进行核算。

一般来说，清单编制精度主要是根据调查目的、数据获取难易程度、人力及物力投入等综合因素决定。清单编制主要分为确定排放源分级分类、确定核算方法、数据获取、清单动态化、网格化清单编制等过程。

（1）确定排放源分级分类。城市排放清单编制应首先针对清单编制区域内排放源进行摸底调查，根据当地行业和燃料/产品特点，在源分级分类体系中选取合适的第一、第二级排放源类型，明确当地排放源构成，确定活动水平数据调查和收集对象。在数据调查和收集阶段应当涵盖排放源第三、第四级分类涉及的所有燃烧/工艺技术和污染物末端控制技术，在数据整理过程中根据当地排放源特点确定源清单覆盖的第三、第四级分类。根据本地排放源体系和数据调查情况，基于第一级排放源分类确定合适的清单编制方法和流程，根据第二至第四级排放源分类确定计算参数获取途径和来源。

（2）确定核算方法。源清单排放核算方法主要是排放系数法，排放系数获取方法一般包括在线监测排放系数计算法和产排污系数库取值法。应优先采用在线监测排放系数计算法，如条件不允许可选用产排污系数库取值法。城市可根据自身实际工作基础选用合适的排放系数获取方法。

①在线监测排放系数计算法：在线监测排放系数计算法是指根据在线监测浓度计算排放系数，国控重点源可根据在线监测浓度数据计算 SO_2 和 NO_x 的排放系数。

②产排污系数库取值法：排放系数来源包括《排放源统计调查制度产排污核算方法和系数手册公告》和源清单编制技术附录系数表。优先通过《排放源统计调查制度产排污核算方法和系数手册公告》获取 SO_2、NO_x 和 VOCs 产污系数及污染控制措施设计去除效率，对于其中未覆盖的排放源或污染物，参考源清单编制技术指南等选取 10 类源产排污系数和污染控制措施实际去除效率。

（3）数据获取。第四级排放源是排放清单编制的基本计算单元，排放量的计算应尽可能在第四级排放源层面完成。第四级排放源空间尺度按照点源和面源采取不同方式处理。对于某一个第四级排放源，可以只由点源或面源组成，也可以同时包含点源和面源。点源是指可获取固定排放位置及活动水平的排放源，在排放清单中一般体现为单个企业或工厂的排放量，计算时需获取逐个排污设备的经纬度和活动水平。面源是指难以获取固定排放位置和活动水平的排放源集合，在清单中一般体现为城市或区、县的排放总量，计算时需确定其参与计算的最小行政区单元（一般为区、县或街道），以此为基础获取活动水平数据。编制排放清单时应当明确每一个第四级排放源计算的空间尺度，工业企业应尽可能按照点源逐个计算排污设备排放量；民用、农业等统计基础薄弱的排放源，可按照面源计算最小行政区排放量。活动水平调查时尽可能收集与基准年份对应的数据。基准年份数据缺失的，可采用相邻年份数据，并根据社会经济发展状况进行调整。城市排放源活动水平应受相应年份能源平衡表及工业产品产量约束，对于差异较大的排放源应分析核对并进行适当调整。

（4）清单动态化。排放清单动态化技术是指基于高时间分辨率清单参数建立日尺度排放清单，以表征各污染源排放量在日尺度的动态变化。排放清单动态化技术的基本原则是对于排放清单建立过程中依据的主要计算参数，如活动水平和排放系数，数据的时间分辨率应达到日。在数据获取过程中，应尽量获取日尺度动态化计算参数，如逐日烟气排放量、污染物排放浓度值、城市交通流量、基于气象参数修正的动态排放系数等。城市应根据可获取的清单计算参数的时间分辨率，对照源清单编制技术提供的各排放源清单动态化技术方法，建立动态化排放清单。若排放计算过程直接采用的计算参数时间分辨率未达到日，则通过反映企业逐日活动水平变化的相关参数表征排放量逐日动态变化，以此为依据将年排放量分配到日，如火力发电企业逐日发电量、工业企业逐日能源消耗量、工业企业逐日工业产品产量等。对于上述条件都不具备的排放源，可先依据逐月活动水平参数，如燃料月消耗量、产品月产量、交通月周转量等将年排放量先分配到月，再依据该污染源排放的典型时间变化曲线将月排放量分配到日。

（5）网格化清单编制。对源排放清单进行排放空间分配、生成排放空间栅格以满足空气质量模拟的需求。排放空间分配应尽可能在第四级排放源层面完成，按照点源和面源分别处理。点源具有明确位置标识，根据其经纬度坐标将点源排放直接定位在网格。活动水平调查时应收集排污设备经纬度。面源标识到行政区，采用"代用参数权重法"将排放分配到网格，利用与排放直接关联代用参数的栅格数据对排放数据进行网格化，即将每个网格覆盖的栅格数据占所在行政区的比例作为权重，将各行政区排放量分摊到网格；跨行政区边界的网格，按照面积比例计算分配权重。常用代用参数包括总人口、城市人口、农村人口和路网密度等，根据第一级排放源确定栅格数据类型。

2.1.3.4 大气污染源排放清单调查表与技术体系的优点

（1）清单涵盖的大气污染源和污染物种类较为全面。将大气污染来源分为 10 类源，与"一污普"和环境统计比较，调查范围新增了非道路移动机械、船舶、铁路和飞机等移动源，道路扬尘、施工扬尘等扬尘源，开放燃烧源以及储存运输源等污染源，调查核算的污染物增加了 PM_{10}、$PM_{2.5}$、BC、OC、CO 等，能够全面涵盖大气污染状况。

（2）采用了高时空精度大气污染源清单编制技术。与"一污普"和环境统计比较，大气污染源排放清单技术体系支持实现高时空精度清单编制。大气污染源排放动态清单可以将清单的时间精度扩展到季度、月，甚至可以基于大数据开展近实时清单编制。空间上，不仅是区域尺度，还可以编制不同网格精度清单，以支撑排放热点网格监管和大气环境质量预报预警。

2.1.3.5 大气污染源排放清单调查表与技术体系的不足

（1）与现有环境管理数据体系融合不够。大气污染源排放清单和"一污普"、环境统计工作一样，本质上是对污染物排放量的调查核算，在核算指标需求上以及部分污染物指标上是基本一致的。应充分融合现有的环境统计、排污许可相关技术体系，利用已有基础数据开展大气污染源排放清单调查核算。

（2）大气污染源清单分级、分类体系不够细化，涉及的行业、产品、工艺较为有限；排放因子本地化比例较低，部分排放系数不能反映当地实际污染排放水平。

2.2 国外污染源统计调查制度

2.2.1 美国

美国固定污染源排放数据来源有多个，常规的污染排放数据可以通过排污许可制度获得，废水点源主要是"国家消除污染排放制度"（National Pollutant Discharge Elimination System，NPDES）许可，废气固定污染源主要是运行许可证（Operating Permits）。除此之外，对于废气污染物，美国每三年编制一次国家排放清单（National Emissions Inventory）。这些都为了解美国固定污染源污染排放状况提供了数据支撑。其中，与普查关系更密切的为国家排放清单。美国国家排放清单，仅针对废气污染物，其中与固定源相关的主要内容如下：

（1）污染源的范围：电力企业和非电力企业，所有重点源数据都包含在清单中。

（2）主要大气污染物：臭氧除前驱物和 $PM_{2.5}$，具体为 NO_x、SO_x、VOCs、CO、原 PM_{10}、可过滤的 PM_{10}、原 $PM_{2.5}$、可过滤的 $PM_{2.5}$、NH_3；188 种有毒大气污染物（HAPs），即清洁大气法案（CAA）中规定的污染物。

（3）排放量核算数据来源：①大部分由国家和地方环保部门提供；②通过最大可获得控制技术（MACT）项目数据库获得，该项目主要针对 HAPs 削减技术；③通过有毒污染物排放清单数据库获得；④通过企业统计调查获得，企业数据收集方法包括调查问卷、企业视察、排污许可和日常监督文件的利用，另外还可以从其他企业相关数据中进行推导而得。重点源中电力企业数据来自美国国家环境保护局（EPA）排放追踪系统/连续排放监测数据库（EIS/CEM），以及能源部门煤炭使用数据。

2.2.2 英国

英国污染物排放统计是以污染物排放清单（Pollution Inventory）报告制度为基础的。

2.2.2.1 调查对象是以许可证为基础而确定的

在英国，符合以下条件之一的均须报告：收到排污许可法规通知持有排污许可证的；收到国家秘书处关于要求报告污水处理污染排放的通知；持有放射性危险废物处置授权并处置放射性危险废物的；运行 25 公顷以上矿山或采石场。

如果持有低影响设备许可证的企业，高于上述行业报告限的一般也不要求报告排放情况，如果报告年度发生了须申报的事件就需要按照要求报告排放情况。

2.2.2.2 调查内容以污染物排放信息为主，污染物排放种类多

英国排放清单报告共有 4 种报表：持有环境许可证，由环保署管制的企业；持有放射性危险废物处置授权并处置放射性危险废物的企业；运行 25 公顷以上矿山或采石场的企业；运行集中式农业设施或垃圾填埋场的企业。其中第一种报表与我国一般工业企业的调查表相对应，共包括 8 个部分的内容：基本信息，9 项指标，废气、土壤、废水、废水迁移等各介质污染物的排放量、计量单位、核算方法，须申报的排放量和单位。其中废气污染物含无机物 8 种、有机物 36 种、金属及其化合物 9 种、其他物质群 17 种，土壤排放含无机物 1 种、有机物 40 种、金属及其化合物 8 种、其他物质群 17 种，废水排放含无机物 1 种、有机物 60 种、金属及其化合物 9 种、其他物质群 19 种等；固废国内转移情况；所有危废和年排放 5 吨以上固废的排放和回收的代码和量、核算方法及代码；固废国外转移情况；数量、操作类型：处置/回收；核算方法：称重/计算/估算、公司名称、公司地址、转移的详细地址、国家；资源利用效率情况等。可见，英国排放清单报表中主要是污染物排放信息指标，涉及的污染物排放种类远远多于我国。

2.2.2.3 有 4 种污染物核算方法，需要上报采用何种方法进行核算

英国有 4 种污染物核算方法：抽样监测或直接监测，排放系数，燃料分析或其他工程技术法，质量平衡。特定场所、污染物和工艺流程不同，采用的核算方法也不同。一般情况下，企业应根据实际情况选用合适的核算方法。也有一些核算方法是强制性的，包括欧盟法令要求报告的污染物，或者为了与排放许可证要求的条件一致等。

如果没有强制或行业方法，则应采用监测所得浓度数据或者质量平衡法，浓度必须是经认证过的设备和（或）有资质的机构提供，一般优先采用连续监测数据，其次是周期性抽样监测。

使用排放系数法，企业应优先采用适用于本场的系数，其次才是依据其他代表性企业制定的系数。然而，制定本场特定的排放系数，排放水平要结合工艺流程。通常情况下，排放系数通过企业获得的取样监测结果或者通过计算获得。

这4种核算方法主要针对典型作业条件下的情况，对于如企业倒闭或遇到事故等非典型条件下的情况，则需要做其他估算。例如，泄漏事件中大气污染排放，需要报告净排放量，即总泄漏量减去回收或者清理过程消耗的量。

在上报污染物排放情况时，需同时上报排放量的核算方法。同时采用不同方法核算排放量的，按排放量比率最大的核算方法计。

采用监测数据法核算污染物排放量时，可能会出现部分检测结果未检出的情况。如果不足 5%的读数是正的，并且数值未高于检出限的 20%，可以按照低于检出限报告。除此情况以外，就假定检出限以下的结果全部为检出限的一半，如此，高于检出限的结果值取实测值，低于检出限的结果取检出限的一半，用浓度乘以对应的流量可计算出污染物排放量。

第 3 章

第一次全国污染源普查回顾与总结

3.1 第一次全国污染源普查成果及应用情况

3.1.1 第一次全国污染源普查成果

"一污普"取得了丰硕的成果，主要体现在以下 6 个方面：

一是全面掌握了全国主要污染物的产生、处理及排放情况。"一污普"对常规环境统计调查指标体系进行了扩展和充实，最大限度地覆盖了有污染物产生和排放的产业、行业和企业，弥补了以往统计调查的不足：一是扩大了工业污染源的直接调查范围；二是首次将农业源、建制镇的生活源纳入污染源调查范围；三是将污水处理厂、垃圾处理厂、危险废物处置厂和医疗废物处理厂等集中式污染治理设施归类统计；四是全面系统地掌握了"三产"及机动车污染物排放情况，有利于各级政府和环保部门准确评价环境质量，客观分析环境形势，科学制定各项环保政策。

二是建立了污染源信息数据库。"一污普"对全国排放污染物的工业污染源、农业源、生活源和集中式污染治理设施 4 大类普查对象的信息进行了全面的调查，收集了 592.55 万个污染物排放单位和个体经营户的基本数据，包括水、能源及原材料消耗、产品产量、污染治理设施及运行情况、污染物的产生及排放情况。其中工业污染源 157.55 万个、生活源 144.56 万个、农业源 289.96 万个、集中式污染治理设施 4 790 个，另外还统计调查了机动车 14 271.75 万辆，基本建立了全国重点污染源基本单位台账和国家、省、市、县四级数据库系统，可根据需求，按行业、地区、指标等不同类型分组，进行数据检索和查询，为污染源的管理奠定了基础。

三是确定了各类污染源的产排污系数。针对监测力量不足的情况，"一污普"统一确定了工业污染源、农业源、城镇生活源等各类污染源的产排污系数。《第一次全国污染源普查工业污染源产排污系数手册》共 10 册，包括 32 个大类行业、351 个小类行业、1 344 种原料、8 367 种产品、1 026 种工艺、10 504 个产污系数、12 891 个排污系数。其中 259 个小类行业产排污系数是通过实测核算得出的，92 个小类行业的产排污系数采用类比方法获得。《第一次全国污染源普查农业源产排污系数手册》包括畜禽养殖业产污系数与排放系数手册、农区流失系数手册、肥料流失系数手册和水产养殖业污染源产排污系数手册。《第一次全国污染源普查城镇生活源产排污系数手册》包括城镇居民生活污水、生活垃圾和生活废气的污染物产生系数和排放系数，涵盖了城镇居民生活源、住宿餐饮业、居民服务和其他服务业、医院、机动车 5 部分内容。

四是进一步了解了我国工业污染源排放的行业特征。"一污普"揭示了我国工业结构性污染特征明显，工业行业排污集中度较高，污染物排放主要集中在少数行业。水污染物排放量主要集中在造纸、纺织、农副食品加工、化工、饲料、食品、医药制造、皮革毛皮羽毛（绒）及其制品 8 个行业，其化学需氧量、氨氮排放量分别占全部工业排放量的 83% 和 73%；废气污染物排放量主要集中在电力、热力，非金属矿物制品，黑色冶金，化工，有色冶金和炼焦 6 个行业，其二氧化硫和氮氧化物排放量分别占全部工业排放量的 89% 和 93%。对一些排放重金属及有毒有害物质的企业有了更全面的把握。为确定"十二五"期间工业污染防治的重点行业、重点地区和重点污染源打下了基础，提供了科学依据。

五是掌握了分流域、分区域各类污染源数据。"一污普"较为全面地反映了我国环境污染状况、污染的程度，揭示了区域污染程度除了与重工业行业结构有关外，还与城市发展水平、工业企业数量与分布有关，污染物排放有着鲜明的地域特点。从区域分布来看，经济发达、人口密集地区的主要污染物排放量占比较大，山东、广东、河南、江苏和辽宁的化学需氧量、氨氮、二氧化硫和氮氧化物排放量都位居全国排放量的前 10；从工业污染源排放情况来看，江苏、河北、山东、广东和河南的工业化学需氧量、氨氮、二氧化硫和氮氧化物排放量都位居全国工业污染源排放量的前 10。淮河、海河、辽河和太湖、巢湖、滇池（以下简称"三河三湖"）接纳的水污染物量最大。"一污普"核准了主要污染物不同区域、流域的排放量以及污染治理设施运行状况和治理水平，为国家和地方制定区域、流域发展规划，加强重点流域和区域污染治理，改善环境质量奠定了基础。

六是首次基本摸清了农业源污染物排放情况。农业源及其污染物的排放情况因未纳入常规环境统计，长期以来，其污染物的产生和排放情况基本不了解，"一污普"基本摸清了种植业、畜禽养殖业、水产养殖业污染源及污染物排放情况，为把农业源污染防治列入环境管理提供了科学的依据。

3.1.2 第一次全国污染源普查成果的应用

3.1.2.1 建立和完善了"十二五"环境统计平台

"十二五"环境统计充分利用了"一污普"所取得的成果，以普查数据和技术体系为基础，建立新的统计工作平台，对现行统计体系进行了相应调整。环境统计包括工业污染源、生活源、机动车、集中式污染治理设施、农业源、环境管理 6 个部分，包括基本情况指标、台账指标、治理指标和污染物指标。以工业污染源为例，环境统计以"一污普"数据库为总样本进行重点调查工业企业筛选，工业污染源采取重点调查工业企业逐个发表调查与非重点调查工业企业整体核算相结合的方式调查，为确定"十二五"期间工业污染防治的重点行业、重点地区和重点污染源，调整产业布局打下了基础。工业污染源、污染物产生量及排放量核算采用监测数据法、产排污系数法、物料衡算法，其中产排污系数参考"一污普"成果《第一次全国污染物源普查工业污染源产排污系数手册》。

"十二五"环境统计工作借鉴了普查工作的技术体系，保留原有的必要内容，补充更新相关内容，建立了新的统计工作平台，调整了沿用自 20 世纪 90 年代甚至更早的统计指标体系、技术体系和管理模式，保持了环境统计的延续性与开拓创新性，形成了《国家环境保护"十二五"规划》《"十二五"主要污染物总量减排统计办法》《"十二五"主要污染物总量减排监测办法》等重要的环境规划文件，为"十二五"环境治理工作提供了保障。

3.1.2.2 为各级环境管理工作提供强力支撑

汇总并分析调研结果发现，普查成果广泛应用于环境保护工作的各个领域，包括日常环境管理、政策制定与实施、规划与决策、环保执法监督、环境立法及其他领域，用于开展环境统计、排污申报、清单编制、环境监测、总量控制、大气（水、土壤）污染防治、环境空气质量预报预警、减排规划等。

在日常环境管理领域中，各生态环境部门主要应用企业基本信息和产排污系数开展大气污染物和水污染物总量减排核查核算、重金属考核、排放源调查、污染源排放强度测算及排放清单编制工作，采用"一污普"数据库及 2009 年、2010 年污染源普查动态更新调查数据库建立环境统计重点企业库、识别重点排放源、测算减排潜力。通过建立全国污染源基本单位台账和国家、省、市、县四级数据库系统，满足各级、各领域（水、大气、土壤、农业等）数据需求，将普查数据转化为环境保护日常管理可用信息，助力日常环境管理。

普查成果同样广泛应用于政策制定与实施领域，以普查数据库为基础形成了多个重要的国家和地方政策及行业排放标准，如上海市采用分区县分污染源化学需氧量、氨氮、总氮、总磷排放量印发了《上海畜禽养殖规模及其布局研究》用于政策制定；辽宁省印发了《大辽河浑河太子河污染治理工作的实施意见》用于流域污染治理政策的制定；安徽、福建、湖北、湖南、江苏、浙江、陕西、山东、山西、新疆等地分别采用普查数据、动态更新数据和产排污系数手册制定了数百个与当地环境问题相关的政策标准，建立了科学治污的技术体系；原环境保护部科技标准司在火电、钢铁、平板玻璃、硫酸、橡胶等近 20 项排放标准的编制过程中使用了普查数据，并在 28 项技术指南和 34 项技术政策中使用了污染源普查数据，用于行业排放标准的制定。在规划与决策领域，原环境保护部水环境管理司形成了《长江中下游流域水污染防治规划》《重点流域水污染防治规划》《全国地下水污染防治规划（2011—2020）》《全国城市饮用水水源地环境保护规划（2008—2020 年）》等水污染防治规划；原环境保护部土壤环境管理司印发了《"十二五"危险废物污染防治规划》《国务院关于重金属污染综合防治"十二五"规划的批复》等污染物防治规划文件。近年来，普查数据逐步应用于各省市重污染天气应急和重大活动空气质量保障中。例如，基于"一污普"数据库和 2009 年、2010 年污染源普查动态更新调查数据库，天津市环境保护局印发了《天津市重污染天气应急预案》，北京市环境保护局成功地保障了 APEC（Asia-Pacific Economic Cooperation）会议期间的空气质量。

"一污普"成果的应用能更好地辅助各级环境保护机构进行环境执法监督。例如，环境保护部各督查中心通过筛选排污量较大的污染源，掌握环保基础设施建设情况，排查环境违法、违规现象，核查企业偷排、漏排废水、废气情况；抽查道路上的超标排放车辆和冒黑烟车辆，建立有效的环境督查体系，提升环境监管能力。

3.1.2.3 对环境保护科学决策形成有力支持

普查成果在决策支持机构也得到了广泛的应用，包括中国环境监测总站、环境规划院、中国环境科学研究院、环境保护对外合作中心、环境工程评估中心、卫星环境应用中心等环境保护部直属事业单位，高等院校、地方环境科研院所、规划院所等科研机构，应用于政策与标准制定、日常环境监督管理、重污染天气应急管理、环境规划与决策、排放清单编制及相关研究课题立项等领域。例如，中国环境科学研究院基于"一污普"数据库指导水专项子课题"松花江水环境风险源管理技术研究""流域面源污染治理机制研究"等多项研究的开展；环境保护部卫星环境应用中心通过使用土壤机械组成和土壤氮、磷养分含量数据为模式提供必要的参数输入，并开展土壤污染状况详查，基于京津冀三省市分区县二氧化硫、氮氧化物、烟粉尘排放量信息，分析京津冀地区卫星遥感监测污染物柱浓度与点源污染物排放量之间的关系；环境保护部环境规划院基于工业点源数据、集中式污染治理设施数据在国内首次自下而上建立了温室气体排放清单，促进相关气候变化的研究；环境保护部环境与经济政策研究中心基于"一污普"数据库开展健康影响研究，确定高环境健康风险点位，评估全国环境健康风险总体形势；高校主要使用发布的产排污系数手册，核算各污染源排放量，编制排放清单，应用大气化学模式建立排放量与浓度之间的响应关系，分析我国历史排放时空趋势变化，探究未来减排潜力及细颗粒物浓度下降；地方环境科研、规划院所基于"一污普"数据主要开展各项政策的可行性研究，确保相关政策的顺利发布和实施。

3.2   第一次全国污染源普查的不足

"一污普"是我国首次大规模的污染源普查，首次摸清了全国主要污染源和污染物状况，揭示了农业污染源、机动车等领域的环境影响，为准确判断"十二五"及以后的环境形势、识别环境管理重点领域和范围指明了方向，这是"一污普"最大的贡献。同时，围绕普查实施，建立了一整套支撑普查工作开展的产排污核算、数据收集、加工、审核、汇总的技术方法体系、制度保障体系，这套技术体系和制度转化为新的环境统计平台，并为其他环境管理工作开展提供了基础支撑。此外，"一污普"形成的一系列成果在总量减排、规划决策、日常环境监管工作中也起到了一定的支撑性作用。但是，普查方案总体设计在以下几个方面存在一定的不足：

第一，系统化考虑不足。一是关注总量控制主要污染物，对其他影响环境质量的污染物指标考虑不足，如对废水总氮、总磷等污染物排放状况没有开展调查；二是重视排放量核算，对活动水平信息的宏观校核不足。

第二，对变与不变关系的把握不足。一是对不变的固定源与变的分散源的关系把握不足，对污染监管重点关注的固定源调查精度不足，而对量大面广、变化较快的分散源的调查过于精细；二是对不变的污染源基础信息与变的污染源排放信息把握不足，在污染物排放量核算上投入过大，影响了污染源普查整体效果。

第三，对直接排放与非直接排放的关系处理不足。尤其是畜禽养殖以养殖场所场界排放量为边界，未考虑目标环境的排放量，难以说清污染物排放量与环境质量的关联，无法为环境质量改善提供直接有效的信息支撑。

第四，污染源普查成果共享应用不足。一是污染源普查成果二次开发应用不足，未能充分基于污染源普查获取的基本信息，结合管理需求进行二次开发，为环境管理提供支撑；二是污染源普查结果共享公开程度不足，在与高校、科研院所进行数据共享，联合开展数据挖掘，识别科学问题等方面较为薄弱。

由于"一污普"是第一次全国性大型普查，缺乏经验，加之专业技术性很强，在实施过程中还存在一些问题：

3.2.1   普查各阶段时间安排不尽合理

清查工作是开展现场调查的基础，入户调查关系到普查数据的质量，"一污普"存在清查和入户调查分配时间较短的情况。从清查、培训到上报时间安排紧张，普查员深入现场不够，存在漏查现象。

3.2.2 基层监测能力弱

污染物排放监测是工业污染源表格填报的重要部分，但是因相当一部分地区，特别是中西部地区市、县监测能力薄弱，致使污染源监测未能按国家规定的监测规范操作，或频次不够、或项目短缺，使一部分普查监测数据不完整而无法采用。

3.2.3 技术条件准备得不够充分

一是技术规范与普查工作计划安排时间相对滞后，存在边干边等的现象。主要是前期准备时间不足，普查表式确定略晚，普查数据处理软件制度在边测试边应用中多次更新升级，对后期数据核查汇总协调难度估计不足，使普查时间整体有所延长，个别指标数据质量有待改进。由于缺乏经验，加之专业技术性很强，时间安排得过紧，普查工作机构组建时间短，各部门抽调的人员未依托实体机构开展工作，组织形式上和一些技术工作缺乏连续性，且后期工作由于种种原因，节奏有些放松。

二是产排污系数手册不完善。新的工业污染源产排污系数是普查准备阶段才开始启动研究编制的，由于时间紧张，工业污染源的实际情况又相当复杂，一些特殊行业、污染物排放量小的行业和某些行业的一些特例，没有被这次普查制定的产排污系数覆盖，致使一些工业企业无适合的产排污系数可以使用；农业源、生活源和集中式污染治理设施的产排污系数也是普查工作开始后才着手第一次编制，缺乏基础。农业源产排污系数制定工作远远滞后于普查表填报的时间，致使农业源产排污量计算较困难、时间拖后。

三是普查软件不成熟。对于"一污普"软件设计，地方反映存在软件设计不成熟，软件升级频繁的情况，在提交数据时需要多次返工。

3.2.4 发达地区和欠发达地区人力、物力、财力不均衡，导致普查效果差异

"一污普"各省之间，省内各市、县之间在进度和质量上存在差异。造成这种差异的原因，一是个别地区对普查工作不够重视，少数领导同志认为污染源普查是对本地环境问题一次"揭伤疤"的行为，在普查初期持观望态度，使普查工作仅仅停留在表面，导致普查力量不足、经费不能及时到位；二是少数地区在工作的一些环节上，由于部门间交流不畅，致使工作进度参差不齐，特别是农业源普查进度相对滞后，影响了普查整体工作；三是部分地区经济发展水平低、地方财政困难，普查经费较少甚至未落实。生态环境部门工作条件差、人员少、技术能力弱，影响普查进度及质量。

3.3　第一次全国污染源普查评估建议

"一污普"历时三年多，圆满完成了各项预定任务，为全面判断我国环境形势、提高环境保护监管水平打下了坚实基础。为了更好地开展"二污普"工作，结合"一污普"成果应用情况及对存在问题的分析，提出以下几个方面的建议。

3.3.1　充分继承和吸收"一污普"的优点，完善"二污普"总体方案

"一污普"在工业源、农业源及集中式污染治理设施等领域建立了相对健全的普查技术体系和制度保障体系，在普查预算申报、普查专项资金使用管理、数据质量控制等方面具有较好的经验，在普查实施过程中建立了较好的实施机制，同时也培养了大量的环保人才，"二污普"应全面继承和发扬上述优点，充分利用"一污普"的经验，制订更加科学合理的工作方案和计划，合理调控和分配工作，使普查工作成为一个连贯的有机整体。进一步完善污染源普查技术方法体系，形成标准化、规范化的普查技术体系与制度保障体系。

3.3.2　以污染源普查为契机，做好内外部数据衔接整合

部门间的早期合作和全过程参与可令后期普查工作事半功倍。以常规环境统计数据为核心，以此次污染源普查为契机，衔接统计、国土、农业、水利等部门和环境保护部门内部各业务系统，建立系统完善的污染源名录库。生态环境部（原环境保护部）高度重视并由较高级别领导（部长或副部长）负责，打通部门内部数据壁垒，基于统一代码建立相互衔接、共享的数据库资源，改变过去那种"数出多门、各自为政"的信息孤岛，为环境保护大数据平台构建奠定基础。

3.3.3　以查得清、可核证为基本原则筛选普查需求

环境质量改善、环境风险防控、精细化环境管理和信息公开等需求几乎涵盖了环境保护的所有领域，污染源普查做不到全面满足所有需求，各级生态环境部门的基础能力、中央财政资金等各方面的软硬约束也决定了污染源普查必须坚持"有限目标"，必须保证调查对象和调查内容具有可操作性，调查结果可核证，确保普查数据质量和可靠程度，依据上述原则筛选需求，为普查实施和普查成果充分发挥作用提供保障。

3.3.4　强化普查成果与管理需求对接，深化普查成果应用

在普查方案设计阶段就要充分考虑管理需求衔接，将能够直接支撑管理需求的数据库、排放清单、污染源地图、决策分析报告作为普查直接产出，围绕产出规划设计普查内

容。要结合当前数据挖掘和可视化技术发展，加强普查成果二次开发应用，面向管理部门和公众提供有效的普查产品与服务。

3.3.5 建立普查长效机制，提升普查的生命力

生态环境部负责人高度重视普查工作的基础性作用，改变了过去那种"运动式"普查的做法。污染源普查工作专业性强，普查员的效率决定了普查工作的成效。要建立稳定专业化的队伍负责普查数据的管理、污染源基本名录库的维护与更新、产排污系数更新完善、面源污染负荷定量观测与模拟等工作，建立长效机制，为各项环境管理工作提供坚实支撑。

3.3.6 重视互联网、信息化和新技术应用，提升普查的可靠性

加强互联网和手持移动终端、无人机、遥感调查等手段在普查数据采集过程中的应用，减少普查过程中的人为误差。强化大数据挖掘和基于 GIS 的可视化技术应用，提升普查数据管理和应用的智能性，建立现代化的、与当前技术发展水平相适应的普查信息化体系，提升普查质量。

第二篇
工业污染源普查技术研究

第 4 章[*]

普查报表指标体系设计总体思路和原则

4.1 设计原则

根据普查工作目标，以科学化、精细化、系统化、信息化和法制化"五化"为抓手，确定了"二污普"工业污染源报表设计原则。

（1）科学化：尊重客观事实和科学规律，根据大气、水、固体废物等不同要素污染排放的特点，采取不同技术路线设计报表制度。

（2）精细化：以建立精细化的各类区域、城市大气污染物排放清单、各控制单位水污染物排放清单为目标，在具体普查报表制度上将普查内容分为污染源基本信息和污染物排放信息两大类；围绕环境管理精细化管理需求，借鉴排污许可制、大气源排放清单等管理思路，对重点行业按生产工序，对主要排放口逐个调查，为污染控制机理和政策分析提供基础数据来源。

（3）系统化：实现环境管理系统化、全过程监管，对与污染物的产生、治理、排放各环节相关的所有关键环节均开展调查；在废气源的分类上，按照排放源的产生、排放机理和特点，系统化设计源的分类。

（4）信息化：利用计算机技术实现报表指标体系模块化管理，对业务系统框架和功能进行整体设计，实现根据企业实际情况进行自由式组合选择报表。

（5）法制化：按照《中华人民共和国统计法》《中华人民共和国环境保护法》《全国污染源普查条例》等法律法规，落实企业如实报送统计数据的主体责任，生态环境部门负责数据填报的技术指导和监督，保证企业按照统一核算方法计算污染物产生、排放情况，确保与排污许可制、环境统计等数据核算方法的一致性、合规化。

4.2   总体思路

4.2.1   体现风险

普查报表的设计要侧重体现污染源对环境的风险，除调查污染物的实际排放情况，还要关注污染物的产生情况。污染物产生量较大的企业，将成为污染源重点监管的对象。另外，如调查危险化学品的生产和使用情况，可为危险化学品的重点监管提供可靠的数据来源。

4.2.2   体现过程

体现对污染物产生、治理、排放的全过程监管，对废水治理设施逐套调查，按排放口进行统计，调查废水流向、排放去向；对产生废气污染物的工序、设备按生产线、设备逐个调查，对污染治理设施逐台调查，对废气排放按主要排放口逐个调查，一般排放口合并统计等；对固体废物分类别逐项调查，统计固体废物产生、处置、排放情况，实现各类污染物的精细化调查、全过程监管。

4.2.3   体现差异

不同类型的污染源既有共性，也有差异，通过设计出公用设施调查表和体现差异的行业、专项调查表，并进行自由组合的方式，实现对不同类型污染源的差异化调查和分析，为普查数据服务于不同的管理需求提供数据基础。

普查报表指标体系设计总体思路如图 4-1 所示。

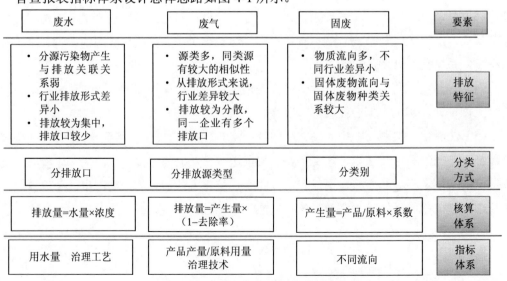

图 4-1   普查报表指标体系设计总体思路

4.3　指标体系总体框架

工业污染源报表有 23 张，分为 3 类：

（1）基本信息表 3 张，分别为企业基本信息、产品和生产工艺相关信息、原辅材料和能源消耗情况信息；

（2）废水、废气、固废、环境风险等分要素的污染物产生、治理、排放调查表 17 张，其中废水表 1 张，废气表 13 张，固废表 2 张，环境风险信息表 1 张；

（3）核算信息表 3 张，包括废水、废气监测数据表各 1 张和产排污系数核算信息表 1 张。

工业污染源报表指标体系框架如图 4-2 所示。

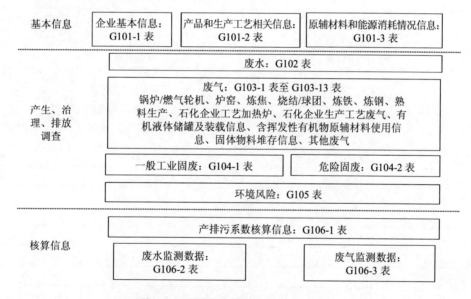

图 4-2　工业污染源报表指标体系框架

4.4　工业企业基本信息普查表

4.4.1　依据企业实有工序选项，确定企业需填报的报表

《工业企业基本情况》普查表中除设置企业的地理位置、行业属性、经济属性等基本情况指标外，还设置了多项关于企业实际生产和排污情况的指标。系统平台根据企业勾选情况，自动弹出企业需要填报的表格，指导企业规范填报，不重报、不漏报，减轻负担。具体普查表及指标设计见 G101-1 表。

工业企业基本情况

表　　号：	G101-1 表
制定机关：	国务院第二次全国污染源普查领导小组办公室
批准机关：	国家统计局
批准文号：	国统制〔2018〕103 号
2017 年　有效期至：	2019 年 12 月 31 日

01.统一社会信用代码	□□□□□□□□□□□□□□□□□□（□□） 尚未领取统一社会信用代码的填写原组织机构代码号：□□□□□□□□（□□）
02.单位详细名称及曾用名	单位详细名称： 曾用名：
03.行业类别	行业名称 1：　　　　　　　　　　行业代码 1：□□□□ 行业名称 2：　　　　　　　　　　行业代码 2：□□□□ 行业名称 3：　　　　　　　　　　行业代码 3：□□□□
04.单位所在地及区划	＿＿＿＿＿＿省（自治区、直辖市）＿＿＿＿＿＿地（区、市、州、盟） ＿＿＿＿＿＿县（区、市、旗）＿＿＿＿＿＿乡（镇） ＿＿＿＿＿＿街（村）、门牌号 区划代码　□□□□□□□□□□□□
05.企业地理坐标	经度：＿＿＿度＿＿＿分＿＿＿秒　纬度：＿＿＿度＿＿＿分＿＿＿秒
06.企业规模	□ 1 大型　　2 中型　　3 小型　　4 微型
07.法定代表人（单位负责人）	
08.开业（成立）时间	□□□□年□□月
09.联系方式	联系人：　　　　　　　　电话号码：

10.登记注册类型	□□□			
	内资		港澳台商投资	外商投资
	110 国有	159 其他有限责任公司	210 与港澳台商合资经营	310 中外合资经营
	120 集体	160 股份有限公司	220 与港澳台商合作经营	320 中外合作经营
	130 股份合作	171 私营独资	230 港、澳、台商独资	330 外资企业
	141 国有联营	172 私营合伙	240 港、澳、台商投资股份有限公司	340 外商投资股份有限公司
	142 集体联营	173 私营有限责任公司	290 其他港、澳、台商投资	390 其他外商投资
	143 国有与集体联营	174 私营股份有限公司		
	149 其他联营	190 其他		
	151 国有独资公司			

11.受纳水体	受纳水体名称： 受纳水体代码：
12.是否发放新版排污许可证	□ 1 是 2 否 许可证编号：_____
13.企业运行状态	□ 1 运行 2 全年停产
14.正常生产时间	_____小时
15.工业总产值(当年价格)	_____千元
16.产生工业废水	□ 1 是 2 否 注：选"1"的，须填报 G102 表
17.有锅炉/燃气轮机	□ 1 是 2 否 注：选"1"的，须填报 G103-1 表
18.有工业炉窑	□ 1 是 2 否 注：选"1"的，须填报 G103-2 表
19.有炼焦工序	□ 1 是 2 否 注：选"1"的，须填报 G103-3 表
20.有烧结/球团工序	□ 1 是 2 否 注：选"1"的，须填报 G103-4 表
21.有炼铁工序	□ 1 是 2 否 注：选"1"的，须填报 G103-5 表
22.有炼钢工序	□ 1 是 2 否 注：选"1"的，须填报 G103-6 表
23.有熟料生产	□ 1 是 2 否 注：选"1"的，须填报 G103-7 表
24.是否为石化企业	□ 1 是 2 否 注：选"1"的，须填报 G103-8 表、G103-9 表
25.有有机液体储罐/装载	□ 1 是 2 否 注：指标解释中所列行业工业企业必填；选"1"的，须填报 G103-10 表
26.含挥发性有机物原辅材料使用	□ 1 是 2 否 注：指标解释中所列行业工业企业必填；选"1"的，须填报 G103-11 表
27.有工业固体物料堆存	□ 1 是 2 否 注：仅限堆存指标解释中所列固体物料工业企业选择；选"1"的，须填报 G103-12 表
28.有其他生产废气	□ 1 是 2 否 注：所有企业，有上述指标 18~28 项涉及的设备及工艺以外的环节有生产工艺废气产生的，选"1"的，须填报 G103-13 表
29.一般工业固体废物	□ 1 是 2 否 注：有一般工业固体废物产生的，选"1"的，须填报 G104-1 表
30.危险废物	□ 1 是 2 否 注：有危险体废物产生或处理利用的，选"1"的，须填报 G104-2 表
31.涉及稀土等 15 类矿产	□ 1 是 2 否 注：选"1"的，须填报 G107 表
32.备注	

单位负责人： 统计负责人（审核人）： 填表人： 报出日期：20 年 月 日

《工业企业基本情况》（G101-1 表）的主要指标解释如下：

行业类别 企业对照《国民经济行业分类》（GB/T 4754—2017）按正常生产情况下生产的主要产品的性质（一般按在工业总产值中占比较大的产品及重要产品）确认归属的具体工业行业类别，若有两种以上（含两种）主要产品的、按所属行业小类分别填写行业名称和行业小类代码。

企业规模 企业按国家统计局制发的《国家统计局关于印发统计上大中小微型企业划分办法的通知》确定规模并填写代码。划分标准见表 4-1。大、中、小型企业须同时满足所列指标的下限，否则下划一档；微型企业只需满足所列指标中的一项即可。

表 4-1 统计上大、中、小微型企业划分标准

行业名称	指标名称	计算单位	大型	中型	小型	微型
工业企业	从业人员（X）	人	$X \geq 1\,000$	$300 \leq X < 1\,000$	$20 \leq X < 300$	$X < 20$
	营业收入（Y）	万元	$Y \geq 40\,000$	$2\,000 \leq Y < 40\,000$	$300 \leq Y < 2\,000$	$Y < 300$

开业（成立）时间 指企业向工商行政管理部门进行登记、领取法人营业执照的时间。1949 年以前成立的企业填写最早开工年月；合并或兼并企业，按合并前主要企业领取营业执照的时间（或最早开业时间）填写；分立企业按分立后各自领取法人营业执照的时间填写。

受纳水体 指普查对象废水最终排入的水体。根据生态环境部第二次全国污染源普查工作办公室确定的河流名称与代码填报受纳水体名称与代码。

新版排污许可证 指按照《控制污染物排放许可制实施方案》（国办发〔2016〕81 号）规定申领核发的排污许可证，编号为全国排污许可证管理信息平台中生成的许可证编号。

锅炉/燃气轮机 指用于企业生产、采暖及其他生产或生活活动的锅炉、发电的锅炉、燃气轮机，包括独立火电厂的发电锅炉、燃气轮机和企业自备电厂的锅炉、燃气轮机。

工业炉窑 指在工业生产中用燃料燃烧或电能转换产生热量，将物料或工件进行冶炼、焙烧、熔化、加热等工序的热工设备，此处不包括炼焦、烧结/球团、炼钢、炼铁、水泥熟料、石化生产等使用的炉窑。

炼焦工序 指钢铁工业企业和炼焦工业企业的炼焦生产单元。

烧结/球团工序、炼铁工序、炼钢工序 指钢铁企业中相应的生产单元。

熟料生产 指水泥熟料生产工序，仅限于水泥制造企业。

有机液体储罐 表 4-2 所列行业，拥有容积 20 立方米以上储罐的工业企业选"是"，否则选"否"。

有机液体装载 表 4-2 所列行业，采用汽车、火车、船舶为运输工具进行有机物料装载的工业企业选"是"，否则选"否"。

表 4-2 涉及有机液体储罐、装载的主要行业

序号	行业类别代码	行业类别名称	序号	行业类别代码	行业类别名称
01	2511	原油加工及石油制品制造	07	2619	其他基础化学原料制造
02	2519	其他原油制造	08	2621	氮肥制造
03	2521	炼焦	09	2631	化学农药制造
04	2522	煤制合成气生产	10	2652	合成橡胶制造
05	2523	煤制液体燃料生产	11	2653	合成纤维单（聚）体制造
06	2614	有机化学原料制造	12	2710	化学药品原料药制造

含挥发性有机物原辅材料使用　表 4-3 所列行业，在生产过程中使用含挥发性有机物原辅材料的工业企业选"是"，否则选"否"。

表 4-3　填报含挥发性有机物原辅材料使用信息普查表的行业

序号	行业代码	行业类别名称	序号	行业代码	行业类别名称
01	1713	棉印染精加工	27	3130	钢延压加工
02	1723	毛染整精加工	28	3311	金属结构制造
03	1733	麻染整精加工	29	3331	集装箱制造
04	1743	丝印染精加工	30	3511	矿山机械制造
05	1752	化纤织物染整精加工	31	3512	石油钻采专用设备制造
06	1762	针织或钩针编织物印染精加工	32	3513	深海石油钻探设备制造
07	1951	纺织面料鞋制造	33	3514	建筑工程用机械制造
08	1952	皮鞋制造	34	3515	建筑材料生产专用机械制造
09	1953	塑料鞋制造	35	3516	冶金专用设备制造
10	1954	橡胶鞋制造	36	3517	隧道施工专用机械制造
11	1959	其他制鞋业	37	3611	汽柴油车整车制造
12	2021	胶合板制造	38	3612	新能源车整车制造
13	2022	纤维板制造	39	3630	改装汽车制造
14	2023	刨花板制造	40	3640	低速汽车制造
15	2029	其他人造板制造	41	3650	电车制造
16	2110	木质家具制造	42	3660	汽车车身、挂车制造
17	22	造纸和纸制品业	43	3670	汽车零部件及配件制造
18	23	印刷和记录媒介复制行业	44	3731	金属船舶制造
19	2631	化学农药制造	45	3732	非金属船舶制造
20	2632	生物化学农药及微生物农药制造	46	3733	娱乐船和运动船制造
21	2710	化学药品原料药制造	47	3734	船舶配套设备制造
22	2720	化学药品制剂制造	48	3735	船舶改装
23	2730	中药饮片加工	49	38	电气机械和器材制造业
24	2740	中成药生产	50	39	计算机、通信和其他电子设备制造业
25	2750	兽用药品制造	51	40	仪器仪表制造业
26	2761	生物药品制造			

工业固体物料堆存　指专门用于堆存下列固体物的敞开式、密闭式、半敞开式的固定堆放场所：①煤炭（非褐煤）；②褐煤；③煤矸石；④碎焦炭；⑤石油焦；⑥铁矿石；⑦烧结矿；⑧球团矿；⑨块矿；⑩混合矿石；⑪尾矿；⑫石灰岩；⑬陈年石灰石；⑭各种石灰石产品；⑮芯球；⑯表土；⑰炉渣；⑱烟道灰；⑲油泥；⑳污泥；㉑含油碱渣。有固定堆放场所的选"是"，否则选"否"。

其他生产废气　指生产过程中除炉窑、锅炉、含挥发性有机物原辅材料使用挥发、有机液体储罐、有机液体装载、有机废气泄漏等生产废气外，有其他生产工序中产生的废气，包含有组织废气和无组织废气。

一般工业固体废物 指除危险废物以外的，在生产活动中产生的丧失原有利用价值或虽未丧失利用价值但被抛弃或放弃的固态、半固态和置于容器中的气态的物品、物质以及法律、行政法规规定纳入固体废物管理的物品、物质。

危险废物 指按《国家危险废物名录》（2016 版）确认列入国家危险废物名录或根据国家规定的危险废物鉴别标准和鉴别方法认定的，具有爆炸性、易燃性、反应性、毒性、腐蚀性、易传染性疾病等危险特性之一的废物（医疗废物属于危险废物）。

涉及稀土等 15 类矿产 指涉及稀土等 15 类矿产采选、冶炼、加工企业。15 类矿产名录详见 G107 表指标解释。

4.4.2 依据产品/原料/生产工艺分类目录，填报与污染物产生、排放密切相关的主要中间产品或最终产品

按照生态环境部第二次全国污染源普查工作办公室提供的工业行业污染核算用主要产品、原料、生产工艺分类目录，填报与污染物产生、排放密切相关的主要中间产品或最终产品。凡涉及分类目录中的产品，中间产品和最终产品均需填报，如水泥企业，即便最终都生产为水泥，本厂生产的熟料信息也需要填报；同一种产品有多种生产工艺的，分行填报。具体普查表及指标设计见 G101-2 表。

工业企业主要产品、生产工艺基本情况

表　　号：　　　　　G101-2 表
制定机关：国务院第二次全国污染源普查领导小组办公室
批准机关：　　　　　国家统计局

统一社会信用代码：□□□□□□□□□□□□□□□□□□（□□）　批准文号：　国统制〔2018〕103 号
组织机构代码：□□□□□□□□（□□）
单位详细名称（盖章）：　　　　　　　2017 年　有效期至：　2019 年 12 月 31 日

产品名称	产品代码	生产工艺名称	生产工艺代码	计量单位	生产能力	实际产量
1	2	3	4	5	6	7
按照生态环境部第二次全国污染源普查工作办公室提供的工业行业污染核算用主要产品、原料、生产工艺分类目录，填报与污染物产生、排放密切相关的主要中间产品或最终产品						

单位负责人：　　　　统计负责人（审核人）：　　　　填表人：　　　　报出日期：20　年　月　日

4.4.3　依据污染核算用主要产品、原料/燃料、生产工艺分类目录填报原辅材料/能源情况

按照生态环境部第二次全国污染源普查工作办公室提供的工业行业污染核算用主要产品、原料、生产工艺分类目录填报原辅材料名称、代码、计量单位；按照国家统计局关于能源分类填报能源名称、代码、计量单位等。具体普查表及指标设计见 G101-3 表。

工业企业主要原辅材料使用、能源消耗基本情况

表　　号：　　　　　G101-3 表
制定机关：国务院第二次全国污染
　　　　　源普查领导小组办公室

统一社会信用代码：□□□□□□□□□□□□□□□□□□（□□）
组织机构代码：□□□□□□□□（□□）
单位详细名称（盖章）：　　　　　　　2017 年

批准机关：　　　　　　国家统计局
批准文号：国统制〔2018〕103 号
有效期至：　2019 年 12 月 31 日

原辅材料/能源名称	原辅材料/能源代码	计量单位	使用量	用作原辅材料量
1	2	3	4	5
一、主要原辅材料使用　原辅材料名称、代码、计量单位按照生态环境部第二次全国污染源普查工作办公室提供的工业行业污染核算用主要产品、原料、生产工艺分类目录填报	—	—	—	—
二、主要能源消耗　能源名称、代码、计量单位按照指标解释填报	—	—	—	—

单位负责人：　　　　统计负责人（审核人）：　　　　填表人：　　　　报出日期：20　年　月　日

《工业企业主要原辅材料使用、能源消耗基本情况》（G101-3 表）的主要指标解释如下：

能源名称/代码　指调查年度内，普查对象生产活动消耗的能源名称、代码，根据表 4-4 选择填报。

表 4-4 燃料类型及代码

能源名称	计量单位	代码	参考折标准煤系数 （吨标准煤/吨）	参考发热量
原煤	吨	1	—	—
无烟煤	吨	2	0.942 8	约 6 000 千卡/千克以上
炼焦烟煤	吨	3	0.9	约 6 000 千卡/千克以上
一般烟煤	吨	4	0.714 3	约 4 500～5 500 千卡/千克
褐煤	吨	5	0.428 6	约 2 500～3 500 千卡/千克
洗精煤（用于炼焦）	吨	6	0.9	约 6 000 千卡/千克以上
其他洗煤	吨	7	0.464 3～0.9	约 2 500～6 000 千卡/千克
煤制品	吨	8	0.528 6	约 3 000～5 000 千卡/千克
焦炭	吨	9	0.971 4	约 6 800 千卡/千克
其他焦化产品	吨	10	1.1～1.5	约 7 700～10 500 千卡/千克
焦炉煤气	万立方米	11	5.714～6.143[*]	约 4 000～4 300 千卡/立方米
高炉煤气	万立方米	12	1.286[*]	约 900 千卡/立方米
转炉煤气	万立方米	13	2.714[*]	约 1 900 千卡/立方米
发生炉煤气	万立方米	14	1.786[*]	约 1 250 千卡/立方米
天然气	万立方米	15	11.0～13.3[*]	约 7 700～9 300 千卡/立方米
液化天然气	吨	16	1.757 2	约 12 300 千卡/千克
煤层气	万立方米	17	11[*]	约 7 700 千卡/立方米
原油	吨	18	1.428 6	约 10 000 千卡/千克
汽油	吨	19	1.471 4	约 10 300 千卡/千克
煤油	吨	20	1.471 4	约 10 300 千卡/千克
柴油	吨	21	1.457 1	约 10 200 千卡/千克
燃料油	吨	22	1.428 6	约 10 000 千卡/千克
液化石油气	吨	23	1.714 3	约 12 000 千卡/千克
炼厂干气	吨	24	1.571 4	约 11 000 千卡/千克
石脑油	吨	25	1.5	约 10 500 千卡/千克
润滑油	吨	26	1.414 3	约 9 900 千卡/千克
石蜡	吨	27	1.364 8	约 9 550 千卡/千克
溶剂油	吨	28	1.467 2	约 10 270 千卡/千克
石油焦	吨	29	1.091 8	约 7 640 千卡/千克
石油沥青	吨	30	1.330 7	约 9 310 千卡/千克
其他石油制品	吨	31	1.4	约 9 800 千卡/千克
煤矸石（用于燃料）	吨	32	0.285 7	约 2 000 千卡/千克
城市生活垃圾（用于燃料）	吨	33	0.271 4	约 1 900 千卡/千克
生物燃料	吨标准煤	34	1	7 000 千卡/千克标准煤
工业废料（用于燃料）	吨	35	0.428 5	约 3 000 千卡/千克
其他燃料	吨标准煤	36	1	7 000 千卡/千克标准煤

注：*参考折标准煤系数单位为吨标准煤/万立方米。

用作原辅材料量　指调查年度内，普查对象将能源用作生产原辅材料使用而消耗的实际量。如石油化工厂、化工厂、化肥厂生产乙烯、化纤单体、合成氨、合成橡胶等产品所消费的石油、天然气、原煤、焦炭等，这些能源作为原料被投入生产过程，通过一系列化学反应，逐步生成新的物质，构成新产品的实体。又如一些能源不构成产品实体，而是作为材料使用，如洗涤用的汽油、柴油、煤油。同时作为能源、原辅材料的能源，如原料煤，只填写能源消耗情况，不重复填写原辅材料情况。

第 5 章

废气指标体系设计思路

5.1 总体框架设计思路

5.1.1 按照产、治、排关系设计指标，满足污染物排放核算要求

按照污染物核算体系要求，废气指标体系从污染物的产、治、排 3 个关键环节入手，分基本信息、产品原料能源消耗等台账情况、治理设施运行、污染物排放四大类指标进行设计；以产品产量、原辅材料用量、能源消耗量等经济活动水平指标对污染物的产生情况进行校核，以污染治理设施运行指标对污染物的排放情况进行校核。其中，污染物产排情况指标和治理设施及运行情况指标是核心指标，基本信息指标等台账指标是为了支撑及核实核心指标准确性的辅助指标。

5.1.2 针对通用设备单独设表，满足不同企业针对性填报要求

废气排放的行业众多，诸多的行业中，废气排放有共同点，如不同的行业但通用的工业生产设备具有相同的产排污特征，如工业锅炉、电站锅炉等，考虑将通用的工业生产设施，设计成为废气污染物产生和排放的通用设施（以下简称废气通用设施）专表，适用于具有相应设施的所有企业，实现了对更广泛的、通行的污染物产生排放设施进行普查。如此，普查完成分"块"内容，分"块"汇总整合成为一个企业总体的情况，则得到一个企业整体的产、治、排情况。

5.1.3 设计重点行业报表，提高重点行业调查精度

废气排放行业的产、治、排特征中，既有共同点，又要体现差异性，特别是某些重污染行业产、治、排特征明显，且单独列成行业报表进行行业统计具有可操作性。早在 "十一五"期间，环境统计调查表中将火电行业单独列出来，取得了较好的效果，为"十一五"期间总量减排，尤其是"二氧化硫减排"发挥了积极作用，另外，将火电行业单独制表进行调查，

也提高了重污染行业的数据质量。"十二五"期间，本着"指标要减、数据要实、体系要精"和重点行业重点突出相结合的原则，借鉴"十一五"火电行业单独制表统计的成功经验，"十二五"环境统计报表制度将重污染、对环境质量影响大的行业，根据其特殊的生产工艺和产排污过程设置"可测量、可统计、可核查"的典型指标，又将钢铁、水泥和造纸 3 个重污染行业单独列表，进一步提高了数据质量，满足了环保重点工作的需要。

单独制表行业设置原则主要包括：①考虑到工作量和普查能力，单独制表行业不宜过多，以不超过 4 个行业为宜；②属于高耗能、高污染、资源消耗型行业；③行业生产流程相对统一、规范；④单独建立指标，发表调查统计具有可操作性。

借鉴环境统计重点行业调查制度，根据已有的数据资料分析，火电、钢铁、水泥、石化 4 类行业工业废气污染物排放在全国工业废气排放中占据较大比例，同时具有较明显的行业特征，是目前大气环境监管的重点行业，因此在普查废气报表中设计了锅炉/燃气轮机、钢铁、水泥、石化 4 类重点行业专表。

5.1.4　设计排放量核算表，体现核算过程

为规避普查对象随意填报污染物产治排情况，废气指标体系设计了废气污染物产排量核算过程表，将主要的核算方法融入表内，嵌入系统平台，主要有监测数据核算过程表和产排污系数核算过程表。普查对象需将核算所用的参数全部填入核算表，可通过系统自动核算获取普查对象的产排量指标。这样便于提高数据填报过程规范性控制，有利于提升数据质量。

5.2　各类污染物排放普查报表设计

5.2.1　二氧化硫、氮氧化物、烟粉尘普查报表设计

工业废气中二氧化硫、氮氧化物、烟粉尘等污染物统计体系相对成熟。按照燃料燃烧源、工艺过程源、堆场扬尘源分别设计普查表。

5.2.2　VOCs 普查报表设计

目前，VOCs 已成为环境管理的重点。根据环境统计、排放清单、VOCs 污染防治重点开展报表设计。VOCs 主要排放来源包括工业产品生产过程、含挥发性有机物原辅材料使用过程两大类源。

5.2.2.1　工业产品生产过程源

工业产品生产过程中的 VOCs 排放，往往涉及多类排放源。《关于印发〈挥发性有机

物排污收费试点办法〉的通知》（财税〔2015〕71 号）中将石化行业 VOCs 排放源分为 12 个源项：设备动静密封点泄漏；有机液体储存与调和挥发损失；有机液体装卸挥发损失；废水集输、储存、处理处置过程逸散；燃烧烟气排放；工艺有组织排放；工艺无组织排放；采样过程排放；火炬排放；非正常工况（含开停工及维修）排放；冷却塔、循环水冷却系统释放；事故排放等。其他化工类行业与石化行业类似，会涉及不同数量的排放源。化学原料及化学制品制造业，化学纤维制造业，医药制造业，橡胶制品业，塑料制品业，非金属矿物制品业，黑色金属冶炼及压延加工业，石油加工/炼焦及核燃料加工业，农副食品加工业，食品制造业，饮料制造业，造纸及纸制品业，石油和天然气开采业，电力、热力生产和供应业等行业均涉及工艺生产 VOCs 排放。

若全部源项均纳入普查，涉及面广、内容复杂，工作量大幅增加，普查成本过高，故选择其中排放量占比较大的重要源项进行普查，具体处理方式见表 5-1。针对设备动静密封点泄漏、循环水冷却系统释放，有机液体储存与调和挥发损失、有机液体装卸挥发损失；含挥发性有机物原辅材料使用等源项单独设计普查表；废水集输、储存、处理处置过程逸散、燃烧烟气排放、工艺有组织排放、工艺无组织排放等源项合入废气行业专项普查表中；火炬、事故、采样过程排放因随机性过大，暂时未纳入普查范围。同时，根据实际调研，增加了固体物料堆存、厂内移动源两个源项 VOCs 调查。

表 5-1　工业产品生产过程源 VOCs 普查方式

序号	源项类别	普查方式	普查表
1	设备动静密封点泄漏、循环水冷却塔	单独设计普查表	石化企业生产工艺废气治理与排放普查表
2	有机液体储存与调和挥发损失、装卸挥发损失		工业企业有机液体储罐、装载信息普查表
3	燃烧烟气排放	合入废气行业专项普查表	工业企业锅炉/燃气轮机废气治理与排放情况普查表 工业企业炉窑废气治理与排放情况普查表 钢铁与炼焦企业炼焦废气治理与排放情况普查表 钢铁企业烧结/球团废气治理与排放情况普查表 钢铁企业炼铁生产废气治理与排放情况普查表 钢铁企业炼钢废气治理与排放情况普查表 水泥企业熟料生产废气治理与排放情况普查表 石化企业工艺加热炉废气治理与排放情况普查表
4	工艺有组织排放	合入其他普查表	石化企业生产工艺废气治理与排放情况普查表 工业企业其他废气治理与排放情况普查表
5	工艺无组织排放		
6	厂内移动源		
7	固体物料堆存		工业企业固体物料堆存（不含固废、危废）信息普查表

5.2.2.2 含挥发性有机物原辅材料使用过程源

鉴于含挥发性有机物原辅材料使用较为普遍,设计含挥发性有机物原辅材料使用普查表。对通用设备制造业,专用设备制造业,汽车制造业,铁路、船舶、航空航天和其他运输设备制造业,皮革、毛皮、羽毛及其制品和制鞋业,木材加工和木、竹、藤、棕、草制品业,家具制造业,印刷和记录媒介复制业,计算机、通信和其他电子设备制造业等含挥发性有机物原辅材料使用较为普遍的行业,在报表制度中按小类行业类别,详细规定必须填报含挥发性有机物原辅材料使用情况普查表。

由于部分行业工业产品生产过程也涉及含挥发性有机物原辅材料使用,借鉴排放清单编制经验,主要是在工业产品生产过程中排放 VOCs 的,将含挥发性有机物原辅材料使用过程中排放的 VOCs 统一纳入工业产品生产过程中进行调查。

5.2.3　氨排放报表设计

根据《大气氨源排放清单编制技术指南(试行)》,工业污染源氨排放行业主要为合成氨生产、氮肥生产、石油加工、炼焦化学、煤制气企业,故主要考虑这些行业氨排放统计。这些行业氨排放主要是工艺过程产生的,故不再单独设计普查表。

5.2.4　废气重金属报表设计

对于废气重金属,考虑燃烧源和生产工艺源两类,分别在生产工艺废气、电站锅炉、工业锅炉普查表中予以体现,不再单独设计普查表。

5.3　废气普查指标体系框架

综上,废气普查报表指标体系设计为由"废气重点行业专表 + 废气通用设施专表 + 工业企业其他废气通用表 + 废气污染物产排量核算过程表"4 大部分组成的框架。所有普查对象依据企业实际生产内容,按照各张报表的适用性,灵活地选择适用的报表,每一类企业所需填报的报表组合可能都不相同,而同一类企业所需填报的报表基本一致,既能体现行业差异,又能形成同类对比。

废气重点行业专表 7 张:水泥行业专表 1 张:水泥企业熟料生产废气治理与排放情况普查表;钢铁行业专表 4 张:钢铁与炼焦企业炼焦废气治理与排放情况普查表、钢铁企业烧结/球团废气治理与排放情况普查表、钢铁企业炼铁生产废气治理与排放情况普查表、钢铁企业炼钢生产废气治理与排放情况普查表;石化行业专表 2 张:石化企业工艺加热炉废气治理与排放情况普查表、石化企业生产工艺废气治理与排放情况普查表。

　　废气通用设施表 5 张：工业企业锅炉/燃气轮机废气治理与排放情况普查表，工业企业炉窑废气治理与排放情况普查表，工业企业含挥发性有机物原辅材料使用信息普查表，工业企业有机液体储罐、装载信息普查表，工业企业固体物料堆存信息普查表。

　　工业企业其他废气治理与排放表 1 张。

　　废气污染物产排量核算过程表 2 张：工业企业废气监测数据结果表、工业企业废气污染物产排污系数核算信息表。

　　废气指标体系框架见图 5-1。

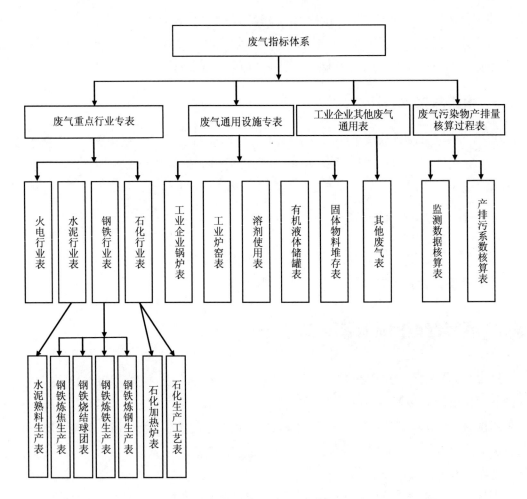

图 5-1　废气指标体系框架

5.4　废气普查报表具体设计

5.4.1　废气重点行业专表指标设计

废气重点行业专表包括水泥、钢铁、石化 3 个重点行业的 7 张表，以普查对象工段的主要排放口和一般排放口为普查单元，其中主要排放口逐个普查，一般排放口与无组织合并普查。

5.4.1.1　钢铁行业

参照《排污许可证申请与核发技术规范　钢铁工业》（HJ 846—2017），钢铁行业主要产排污工序包括原料系统、炼焦、烧结/球团、炼铁、炼钢、轧钢等，其中炼焦、烧结/球团、炼铁、炼钢 4 个工序是钢铁行业产排污的重点环节，在 4 张钢铁行业专项表中填报与核算体现，原料系统产排污量在固体物料堆存表填报与核算，钢铁行业其他产排污环节在工业企业其他废气治理与排放表中填报与核算。

钢铁行业 4 个专表进一步细化到每个产排污环节、按每条生产线为单位进行普查指标设计，如炼焦工序细分到每条炼焦生产线，普查指标包括每个排污节点的基本信息、燃料消耗、产品、原料情况，污染治理设施运行情况和污染物排放情况按主要排放口逐一普查，污染物产排一般排放口与无组织合并普查。

根据《排污许可证申请与核发技术规范　炼焦化学工业》（HJ 854—2017），炼焦行业的主要排放口包括焦炉烟囱（含焦炉烟气尾部脱硫、脱硝设施排放口），装煤、推焦地面站排放口，干法熄焦地面站排放口；一般排放口和无组织包括精煤破碎、焦炭破碎、筛分精煤、湿熄焦、筛分、转运、煤气净化、转运设施排放口，粗苯管式炉、半焦烘干和氨分解炉等燃用焦炉煤气设施排放口，冷鼓、库焦油各类贮槽排放口，苯贮槽、脱硫再生塔、硫铵结晶干燥排放口。

根据《排污许可证申请与核发技术规范　钢铁工业》（HJ 846—2017），烧结/球团工序的主要排放口包括烧结机头排放口、烧结机尾排放口、球团焙烧排放口，烧结工序一般排放口和无组织包括与烧结机对应的配料设施、整料筛分设施排放口，破碎设施、冷却设施及其他设施的排放口，球团工序一般排放口及无组织包括与球团工序对应的配料设施排放口，破碎、筛分、干燥及其他设施排放口；炼铁工序的主要排放口包括炼铁单元高炉矿槽废气排放口、高炉出铁场排放口，一般排放口与无组织包括与炼铁工序对应的热风炉排放口，原料系统、煤粉系统及其他设施排放口；炼钢工序的主要排放口为炼钢单元转炉二次烟气排放口、电炉烟气排放口，一般排放口与无组织包括与钢铁工序对应的转炉三次烟气排放口，石灰窑、白云石窑焙烧排放口，铁水预处理（包括倒罐、扒渣等）、精炼炉、钢渣处理设施排放口，转炉一次烟气、连铸切割及火焰清理及其他设施排放口，电渣冶金排放口。具体普查表及指标设计见 G103-3 表至 G103-6 表。

钢铁与炼焦企业炼焦废气治理与排放情况

表　　号：　　　　G103-3 表
制定机关：国务院第二次全国污染源
　　　　　普查领导小组办公室

统一社会信用代码：□□□□□□□□□□□□□□□□□□（□□）　批准机关：　　　国家统计局
组织机构代码：□□□□□□□□（□□）　批准文号：国统制〔2018〕103 号
单位详细名称（盖章）：　　　　　　　　2017 年　有效期至：　2019 年 12 月 31 日

指标名称	计量单位	代码	指标值	
			炼焦生产线 1	炼焦生产线 2
甲	乙	丙	1	2
一、基本信息	—	—	—	—
炼焦炉编号	—	01		
炼焦炉型	—	02	□	□
熄焦工艺	—	03	□	□
炭化室高度	米	04		
年生产时间	小时	05		
生产能力	万吨/年	06		
二、燃料信息	—	—		
煤气消耗量	万立方米	07		
煤气低位发热量	千卡/标准立方米	08		
煤气平均收到基含硫量	毫克/立方米	09		
其他燃料消耗总量	吨标准煤	10		
三、原辅材料及产品信息	—	—		
煤炭消耗量	万吨	11		
焦炭产量	万吨	12		
硫酸产量	万吨	13		
硫黄产量	万吨	14		
煤气产生量	万立方米	15		
煤焦油产量	万吨	16		
四、治理设施及污染物产生排放情况	—	—	—	—
焦炉烟囱排放口				
排放口编号	—	17		
排放口地理坐标	—	18	经度:___度___分___秒 纬度:___度___分___秒	经度:___度___分___秒 纬度:___度___分___秒

指标名称	计量单位	代码	指标值	
			炼焦生产线 1	炼焦生产线 2
甲	乙	丙	1	2
排放口高度	米	19		
脱硫设施编号	—	20		
脱硫工艺	—	21		
脱硫效率	%	22		
脱硫设施年运行时间	小时	23		
脱硫剂名称	—	24		
脱硫剂使用量	吨	25		
脱硝设施编号	—	26		
脱硝工艺	—	27		
脱硝效率	%	28		
脱硝设施年运行时间	小时	29		
脱硝剂名称	—	30		
脱硝剂使用量	吨	31		
除尘设施编号	—	32		
除尘工艺	—	33		
除尘效率	%	34		
除尘设施年运行时间	小时	35		
工业废气排放量	万立方米	36		
二氧化硫产生量	吨	37		
二氧化硫排放量	吨	38		
氮氧化物产生量	吨	39		
氮氧化物排放量	吨	40		
颗粒物产生量	吨	41		
颗粒物排放量	吨	42		
挥发性有机物产生量	千克	43		
挥发性有机物排放量	千克	44		
装煤地面站排放口	—	—	—	—
排放口编号	—	45		
排放口地理坐标	—	46	经度：＿＿度＿＿分＿＿秒 纬度：＿＿度＿＿分＿＿秒	经度：＿＿度＿＿分＿＿秒 纬度：＿＿度＿＿分＿＿秒
排放口高度	米	47		
脱硫设施编号	—	48		
脱硫工艺	—	49		
脱硫效率	%	50		
脱硫设施年运行时间	小时	51		
脱硫剂名称	—	52		

指标名称	计量单位	代码	指标值	
			炼焦生产线 1	炼焦生产线 2
甲	乙	丙	1	2
脱硫剂使用量	吨	53		
除尘设施编号	—	54		
除尘工艺	—	55		
除尘效率	%	56		
除尘设施年运行时间	小时	57		
工业废气排放量	万立方米	58		
二氧化硫产生量	吨	59		
二氧化硫排放量	吨	60		
颗粒物产生量	吨	61		
颗粒物排放量	吨	62		
挥发性有机物产生量	千克	63		
挥发性有机物排放量	千克	64		
推焦地面站排放口	—	—	—	—
排放口编号	—	65		
排放口地理坐标	—	66	经度：__度__分__秒 纬度：__度__分__秒	经度：__度__分__秒 纬度：__度__分__秒
排放口高度	米	67		
脱硫设施编号	—	68		
脱硫工艺	—	69		
脱硫效率	%	70		
脱硫设施年运行时间	小时	71		
脱硫剂名称	—	72		
脱硫剂使用量	吨	73		
除尘设施编号	—	74		
除尘工艺	—	75		
除尘效率	%	76		
除尘设施年运行时间	小时	77		
工业废气排放量	万立方米	78		
二氧化硫产生量	吨	79		
二氧化硫排放量	吨	80		
颗粒物产生量	吨	81		
颗粒物排放量	吨	82		
挥发性有机物产生量	千克	83		
挥发性有机物排放量	千克	84		
干法熄焦地面站排放口	—	—	—	—
排放口编号	—	85		

指标名称	计量单位	代码	指标值	
			炼焦生产线1	炼焦生产线2
甲	乙	丙	1	2
排放口地理坐标	—	86	经度：___度___分___秒 纬度：___度___分___秒	经度：___度___分___秒 纬度：___度___分___秒
排放口高度	米	87		
脱硫设施编号	—	88		
脱硫工艺	—	89		
脱硫效率	%	90		
脱硫设施年运行时间	小时	91		
脱硫剂名称	—	92		
脱硫剂使用量	吨	93		
除尘设施编号	—	94		
除尘工艺	—	95		
除尘效率	%	96		
除尘设施年运行时间	小时	97		
工业废气排放量	万立方米	98		
二氧化硫产生量	吨	99		
二氧化硫排放量	吨	100		
颗粒物产生量	吨	101		
颗粒物排放量	吨	102		
挥发性有机物产生量	千克	103		
挥发性有机物排放量	千克	104		
一般排放口及无组织	—	—	—	—
工业废气排放量	万立方米	105		
二氧化硫产生量	吨	106		
二氧化硫排放量	吨	107		
氮氧化物产生量	吨	108		
氮氧化物排放量	吨	109		
颗粒物产生量	吨	110		
颗粒物排放量	吨	111		
挥发性有机物产生量	千克	112		
挥发性有机物排放量	千克	113		
氨排放量	吨	114		

单位负责人：　　　　统计负责人（审核人）：　　　　填表人：　　　　报出日期：20　年　月　日

钢铁企业烧结/球团废气治理与排放情况

<table>
<tr><td colspan="2"></td><td>表　号：</td><td>G103-4 表</td></tr>
<tr><td colspan="2"></td><td>制定机关：</td><td>国务院第二次全国污染</td></tr>
<tr><td colspan="2"></td><td></td><td>源普查领导小组办公室</td></tr>
<tr><td>统一社会信用代码：□□□□□□□□□□□□□□□□□□（□□）</td><td></td><td>批准机关：</td><td>国家统计局</td></tr>
<tr><td>组织机构代码：□□□□□□□□□（□□）</td><td></td><td>批准文号：</td><td>国统制〔2018〕103 号</td></tr>
<tr><td>单位详细名称（盖章）：</td><td></td><td>2017 年 有效期至：</td><td>2019 年 12 月 31 日</td></tr>
</table>

指标名称	计量单位	代码	指标值	
			烧结/球团生产线 1	烧结/球团生产线 2
甲	乙	丙	1	2
一、基本信息	—	—	—	—
设备编号	—	01		
设备规模	平方米	02		
设备年生产时间	小时	03		
生产能力	万吨/年	04		
二、燃料信息	—	—		
煤炭	—	—	—	—
消耗量	吨	05		
低位发热量	千卡/千克	06		
平均收到基含硫量	%	07		
平均收到基灰分	%	08		
平均干燥无灰基挥发分	%	09		
焦炭	—	—	—	—
消耗量	吨	10		
低位发热量	千卡/千克	11		
平均收到基含硫量	%	12		
平均收到基灰分	%	13		
平均干燥无灰基挥发分	%	14		
其他燃料消耗总量	吨标准煤	15		
三、原料信息	—	—	—	—
铁矿石消耗量	万吨	16		
铁矿石含硫量	%	17		
四、产品信息	—	—	—	—
烧结矿产量	万吨	18		
球团矿产量	万吨	19		
五、治理设施及污染物产生排放情况	—	—	—	—
烧结机头（球团单元焙烧）排放口	—	—	—	—
排放口编号	—	20		
排放口地理坐标	—	21	经度：___度___分___秒 纬度：___度___分___秒	经度：___度___分___秒 纬度：___度___分___秒
排放口高度	米	22		
脱硫设施编号	—	23		
脱硫工艺	—	24		
脱硫效率	%	25		

指标名称	计量单位	代码	指标值	
			烧结/球团生产线 1	烧结/球团生产线 2
脱硫设施年运行时间	小时	26		
脱硫剂名称	—	27		
脱硫剂使用量	吨	28		
脱硝设施编号	—	29		
脱硝工艺	—	30		
脱硝效率	%	31		
脱硝设施年运行时间	小时	32		
脱硝剂名称	—	33		
脱硝剂使用量	吨	34		
除尘设施编号	—	35		
除尘工艺	—	36		
除尘效率	%	37		
除尘设施年运行时间	小时	38		
工业废气排放量	万立方米	39		
二氧化硫产生量	吨	40		
二氧化硫排放量	吨	41		
氮氧化物产生量	吨	42		
氮氧化物排放量	吨	43		
颗粒物产生量	吨	44		
颗粒物排放量	吨	45		
烧结机尾排放口	—	—	—	—
排放口编号	—	46		
排放口地理坐标	—	47	经度：___度___分___秒 纬度：___度___分___秒	经度：___度___分___秒 纬度：___度___分___秒
排放口高度	米	48		
除尘设施编号	—	49		
除尘工艺	—	50		
除尘效率	%	51		
除尘设施年运行时间	小时	52		
工业废气排放量	万立方米	53		
颗粒物产生量	吨	54		
颗粒物排放量	吨	55		
一般排放口及无组织	—	—	—	—
工业废气排放量	万立方米	56		
二氧化硫产生量	吨	57		
二氧化硫排放量	吨	58		
氮氧化物产生量	吨	59		
氮氧化物排放量	吨	60		
颗粒物产生量	吨	61		
颗粒物排放量	吨	62		

单位负责人：　　　　统计负责人（审核人）：　　　　填表人：　　　　报出日期：20　年　月　日

钢铁企业炼铁生产废气治理与排放情况

表　　　号：　G103-5 表
制定机关：　国务院第二次全国污染源
　　　　　　普查领导小组办公室
统一社会信用代码：□□□□□□□□□□□□□□□□□□（□□）批准机关：　　　国家统计局
组织机构代码：□□□□□□□□（□□）　　　批准文号：　国统制〔2018〕103 号
单位详细名称（盖章）：　　　　　　　　　2017 年　有效期至：　2019 年 12 月 31 日

指标名称	计量单位	代码	指标值	
			炼铁生产线 1	炼铁生产线 2
甲	乙	丙	1	2
一、基本信息	—	—	—	—
设备编号	—	01		
高炉容积	立方米	02		
高炉年生产时间	小时	03		
生产能力	万吨/年	04		
二、燃料信息	—	—	—	—
煤气消耗量	万立方米	05		
煤气低位发热量	千卡/标准立方米	06		
煤气平均收到基含硫量	毫克/立方米	07		
其他燃料消耗总量	吨标准煤	08		
三、产品信息	—	—		
生铁产量	万吨	09		
四、治理设施及污染物产生排放情况	—	—	—	—
高炉矿槽排放口	—	—	—	—
排放口编号	—	10		
排放口地理坐标	—	11	经度：___度___分___秒 纬度：___度___分___秒	经度：___度___分___秒 纬度：___度___分___秒
排放口高度	米	12		
除尘设施编号	—	13		
除尘工艺	—	14		
除尘效率	%	15		
除尘设施年运行时间	小时	16		

指标名称	计量单位	代码	指标值	
			炼铁生产线1	炼铁生产线2
甲	乙	丙	1	2
工业废气排放量	万立方米	17		
颗粒物产生量	吨	18		
颗粒物排放量	吨	19		
高炉出铁场排放口	—	—	—	—
排放口编号	—	20		
排放口地理坐标	—	21	经度：___度___分___秒 纬度：___度___分___秒	经度：___度___分___秒 纬度：___度___分___秒
排放口高度	米	22		
除尘设施编号	—	23		
除尘工艺	—	24		
除尘效率	%	25		
除尘设施年运行时间	小时	26		
工业废气排放量	万立方米	27		
颗粒物产生量	吨	28		
颗粒物排放量	吨	29		
一般排放口及无组织	—	—	—	—
工业废气排放量	万立方米	30		
二氧化硫产生量	吨	31		
二氧化硫排放量	吨	32		
氮氧化物产生量	吨	33		
氮氧化物排放量	吨	34		
颗粒物产生量	吨	35		
颗粒物排放量	吨	36		
挥发性有机物产生量	千克	37		
挥发性有机物排放量	千克	38		

单位负责人：　　　　　统计负责人（审核人）：　　　　填表人：　　　报出日期：20　年　月　日

钢铁企业炼钢生产废气治理与排放情况

表　　号：　　　　G103-6 表
制定机关：国务院第二次全国污染源
　　　　　普查领导小组办公室
统一社会信用代码：□□□□□□□□□□□□□□□□□□（□□）批准机关：　　　　国家统计局
组织机构代码：□□□□□□□□（□□）　　　　批准文号：国统制〔2018〕103 号
单位详细名称（盖章）：　　　　　　　2017 年　有效期至：　2019 年 12 月 31 日

指标名称	计量单位	代码	指标值	
			炼钢生产线 1	炼钢生产线 2
甲	乙	丙	1	2
一、基本信息	—		—	—
设备编号	—	01		
设备类型	—	02	□	□
设备年生产时间	小时	03		
生产能力	万吨/年	04		
二、产品信息	—			
粗钢产量	万吨	05		
三、治理设施及污染物产生排放情况	—	—	—	—
转炉二次烟气排放口	—	—	—	—
排放口编号		06		
排放口地理坐标	—	07	经度：___度___分___秒 纬度：___度___分___秒	经度：___度___分___秒 纬度：___度___分___秒
排放口高度	米	08		
除尘设施编号	—	09		
除尘工艺	—	10		
除尘效率	%	11		
除尘设施年运行时间	小时	12		
工业废气排放量	万立方米	13		
颗粒物产生量	吨	14		
颗粒物排放量	吨	15		
电炉烟气排放口	—	—	—	—
排放口编号	—	16		

指标名称	计量单位	代码	指标值	
			炼钢生产线1	炼钢生产线2
甲	乙	丙	1	2
排放口地理坐标	—	17	经度：___度___分___秒 纬度：___度___分___秒	经度：___度___分___秒 纬度：___度___分___秒
排放口高度	米	18		
除尘设施编号	—	19		
除尘工艺	—	20		
除尘效率	%	21		
除尘设施年运行时间	小时	22		
工业废气排放量	万立方米	23		
颗粒物产生量	吨	24		
颗粒物排放量	吨	25		
一般排放口及无组织	—		—	—
工业废气排放量	万立方米	26		
二氧化硫产生量	吨	27		
二氧化硫排放量	吨	28		
氮氧化物产生量	吨	29		
氮氧化物排放量	吨	30		
颗粒物产生量	吨	31		
颗粒物排放量	吨	32		
挥发性有机物产生量	千克	33		
挥发性有机物排放量	千克	34		

单位负责人：　　　　统计负责人（审核人）：　　　填表人：　　　报出日期：20　年　　月　　日

G103-3 表至 G103-6 表的主要指标解释如下：

产品、原料名称和产量、用量的计量单位，根据生态环境部第二次全国污染源普查工作办公室提供的工业行业污染核算用主要产品、原料、生产工艺分类目录，选择用于污染物产生量或排放量核算的生产工艺、产品和原料名称。

工业废气污染治理设施处理工艺按表5-2代码填报。两种及以上处理工艺组合使用的，每种工艺均需填报，按照处理设施的先后次序填报。

表 5-2 脱硫、脱硝、除尘、挥发性有机物处理工艺代码、名称

代码	脱硫工艺	代码	脱硝工艺	代码	除尘工艺	代码	挥发性有机物处理工艺
—	炉内脱硫	—	炉内低氮技术	—	过滤式除尘	—	直接回收法
S01	炉内喷钙	N01	低氮燃烧法	P01	袋式除尘	V01	冷凝法
S02	型煤固硫	N02	循环流化床锅炉	P02	颗粒床除尘	V02	膜分离法
—	烟气脱硫	N03	烟气循环燃烧	P03	管式过滤	V03	间接回收法
S03	石灰石/石膏法	—	烟气脱硝	—	静电除尘	V03	吸收+分流
S04	石灰/石膏法	N04	选择性非催化还原法（SNCR）	P04	低低温	V04	吸附+蒸气解析
S05	氧化镁法	N05	选择性催化还原法（SCR）	P05	板式	V05	吸附+氮气/空气解析
S06	海水脱硫法	N06	活性炭（焦）法	P06	管式	—	热氧化法
S07	氨法	N07	氧化/吸收法	P07	湿式除雾	V06	直接燃烧法
S08	双碱法	N08	其他	—	湿法除尘	V07	热力燃烧法
S09	烟气循环流化床法			P08	文丘里	V08	吸附/热力燃烧法
S10	旋转喷雾干燥法			P09	离心水膜	V09	蓄热式热力燃烧法
S11	活性炭（焦）法			P10	喷淋塔/冲击水浴	V10	催化燃烧法
S12	其他			—	旋风除尘	V11	吸附/催化燃烧法
				P11	单筒（多筒并联）旋风	V12	蓄热式催化燃烧法
				P12	多管旋风	—	生物降解法
				—	组合式除尘	V13	悬浮洗涤法
				P13	电袋组合	V14	生物过滤法
				P14	旋风+布袋	V15	生物滴滤法
				P15	其他	—	高级氧化法
						V16	低温等离子体
						V17	光解
						V18	光催化
						V19	其他

《钢铁与炼焦企业炼焦废气治理与排放情况》（G103-3 表）主要指标解释如下：

钢铁企业炼焦、烧结球团、炼铁、炼钢生产线涵盖排放源范围见表 5-3。

表 5-3　钢铁企业炼焦、烧结球团、炼铁、炼钢生产线涵盖排放源范围

生产线	涵盖范围
炼焦	精煤破碎、焦炭破碎、筛分、转运设施
	装煤地面站
	推焦地面站
	焦炉烟囱（含焦炉烟气尾部脱硫、脱硝设施）
	干法熄焦地面站
	粗苯管式炉、半焦烘干和氨分解炉等燃用焦炉煤气的设施
	冷鼓、库区焦油各类贮槽
	苯贮槽
	脱硫再生塔
	硫铵结晶干燥
烧结	配料设施、整粒筛分设施
	烧结机机头
	烧结机机尾
	破碎设施、冷却设施及其他设施
球团	配料设施
	焙烧设施
	破碎、筛分、干燥及其他设施
炼铁	矿槽
	出铁场
	热风炉
	原料系统、煤粉系统及其他设施
炼钢	转炉二次烟气
	转炉三次烟气
	电炉烟气
	石灰窑、白云石窑焙烧
	铁水预处理（包括倒罐、扒渣等）、精炼炉、钢渣处理设施
	转炉一次烟气、连铸切割和火焰清理及其他设施
	电渣冶金

炼焦炉型　按①热回收焦炉；②顶装机焦炉；③捣固侧装机焦炉；④（兰炭）炭化炉选择填报。

熄焦工艺　按①干法熄焦；②湿法熄焦选择填报。

焦炉烟囱排放口　指焦炉烟囱排放口，含焦炉烟气尾部脱硫、脱硝设施排放口。

《钢铁企业烧结/球团废气治理与排放情况》（G103-4 表）主要指标解释如下：

设备规模　指相应设备的有效烧结面积，以烧结机/球团机台车宽度与有效长度的乘积值表示。

一般排放口及无组织　指除烧结机头（球团单元焙烧）、烧结机尾排放口以外，烧结/球团生产过程的其他废气排放口。

《钢铁企业炼铁生产废气治理与排放情况》（G103-5 表）主要指标解释如下：

一般排放口及无组织　指除高炉矿槽、高炉出铁场排放口以外，炼铁生产的其他废气排放口。

《钢铁企业炼钢生产废气治理与排放情况》（G103-6 表）主要指标解释如下：

设备类型　可选择：①氧气转炉炼钢；②电弧炉炼钢；③其他（请注明）。

转炉二次烟气排放口　指炼钢单元转炉二次烟气排放口。

电炉烟气排放口　指炼钢单元电炉烟气排放口。

一般排放口及无组织　指除转炉二次烟气、电炉烟气排放口以外，炼钢生产的其他废气排放口。

5.4.1.2　水泥行业

水泥行业主要工序包括原料系统、熟料生产、粉磨站等，熟料生产工序在水泥行业专表中体现，原料系统、粉磨站等其他产排污环节在工业企业其他废气表中体现。

熟料生产工序细化到每台水泥窑进行指标设置，普查指标包括每台水泥窑的基本信息、燃料消耗、产品，污染治理设施运行情况和污染物排放情况按主要排放口逐一普查，污染物产排一般排放口合并普查。

根据《排污许可证申请与核发技术规范　水泥工业》（HJ 847—2017），熟料生产工序的主要排放口分为窑尾排放口和窑头排放口；一般排放口包括破碎机排放口、通风生产设备（原辅料、燃料、生料输送设备、料仓和储库）排放口、生料磨（有独立排放口的烘干磨）排放口、煤磨排放口、协同处置的旁路放风设施排放口。废气污染物指标也参考该技术规范。具体普查表及指标设计见 G103-7 表。

水泥企业熟料生产废气治理与排放情况

表　　号：　　　　G103-7 表
制定机关：　国务院第二次全国污染源
　　　　　　　普查领导小组办公室
统一社会信用代码：□□□□□□□□□□□□□□□□□□（□□）批准机关：　　　　国家统计局
组织机构代码：□□□□□□□□□（□□）　　批准文号：　国统制〔2018〕103 号
单位详细名称（盖章）：　　　　　　　2017 年　有效期至：　　2019 年 12 月 31 日

指标名称	计量单位	代码	指标值	
			熟料生产线 1	熟料生产线 2
甲	乙	丙	1	2
一、炉窑基本信息	—	—	—	—
设备编号	—	01		
设备类型		02		
设备年运行时间	小时	03		
生产能力	万吨/年	04		
二、炉窑燃料消耗情况	—	—		
煤炭消耗量	吨	05		
煤炭低位发热量	千卡/千克	06		
煤炭平均收到基含硫量	%	07		
煤炭平均收到基灰分	%	08		
煤炭平均干燥无灰基挥发分	%	09		
三、原料信息	—	—		
石灰石用量	万吨	10		
四、产品信息	—	—	—	—
熟料产量	万吨	11		
五、治理设施及污染物产生排放情况	—	—	—	—
窑尾排放口	—	—	—	—
排放口编号	—	12		
排放口地理坐标	—	13	经度：___度___分___秒 纬度：___度___分___秒	经度：___度___分___秒 纬度：___度___分___秒
排放口高度	米	14		
是否采用低氮燃烧技术	—	15	□　　1 是　2 否	□　　1 是　2 否
脱硝设施编号	—	16		
脱硝工艺	—	17		
脱硝效率	%	18		
脱硝设施年运行时间	小时	19		
脱硝剂名称		20		
脱硝剂使用量	吨	21		
除尘设施编号	—	22		
除尘工艺	—	23		
除尘效率	%	24		

指标名称	计量单位	代码	指标值	
			熟料生产线1	熟料生产线2
甲	乙	丙	1	2
除尘设施年运行时间	小时	25		
工业废气排放量	万立方米	26		
二氧化硫产生量	吨	27		
二氧化硫排放量	吨	28		
氮氧化物产生量	吨	29		
氮氧化物排放量	吨	30		
颗粒物产生量	吨	31		
颗粒物排放量	吨	32		
挥发性有机物产生量	千克	33		
挥发性有机物排放量	千克	34		
氨排放量	吨	35		
废气砷产生量	千克	36		
废气砷排放量	千克	37		
废气铅产生量	千克	38		
废气铅排放量	千克	39		
废气镉产生量	千克	40		
废气镉排放量	千克	41		
废气铬产生量	千克	42		
废气铬排放量	千克	43		
废气汞产生量	千克	44		
废气汞排放量	千克	45		
窑头排放口	—	—	—	—
排放口编号	—	46		
排放口地理坐标	—	47	经度：__度__分__秒 纬度：__度__分__秒	经度：__度__分__秒 纬度：__度__分__秒
排放口高度	米	48		
除尘设施编号	—	49		
除尘工艺	—	50		
除尘效率	%	51		
除尘设施年运行时间	小时	52		
工业废气排放量	万立方米	53		
颗粒物产生量	吨	54		
颗粒物排放量	吨	55		
一般排放口及无组织	—	—	—	—
颗粒物产生量	吨	56		
颗粒物排放量	吨	57		

单位负责人：　　　　　统计负责人（审核人）：　　　　　填表人：　　　　　报出日期：20　年　月　日

《水泥企业熟料生产废气治理与排放情况》（G103-7 表）主要指标解释如下：

熟料生产线　指生料制备、熟料煅烧一系列设备组成的生产线，不包括矿山采矿、水泥粉磨包装设施，包括利用水泥窑协同处置固体废物的旁路和存储、预处理设施。

设备类型　指生产使用的水泥窑类型。水泥煅烧窑按照其窑体安装放置状态分为两大类：一类是窑筒体水平卧置（略带斜度），并能作回转运动的称回转窑（也称旋窑）。根据原料制备的方法不同回转窑可分为干法回转窑和湿法回转窑两种。新型干法回转窑指以悬浮预热和预分解为核心并广泛应用原料矿山网络化开采、原料预均化、生料均化、挤压磨粉等技术的水泥干法生产线。另一类窑筒体是立置不转动的称立窑。我国目前使用的立窑有两种：一种是人工加料和人工卸料的普通立窑，另一种是通过机械加料和卸料连续操作的机械立窑。按表 5-4 填报水泥窑类型名称及代码。

表 5-4　水泥窑类型名称及代码

大类	中类	小类	类别名称
10			回转窑
	11		干法回转窑
		111	新型干法回转窑
		112	其他回转窑
	12		湿法回转窑
20			立窑
	21		普通立窑
	22		机械立窑

5.4.1.3　石化行业

石化行业分为 2 张专表，一张为石化加热炉表，另一张为主要考虑挥发性有机物的石化生产工艺表，前者以加热炉为普查单位，后者以石化装置为普查单位，其他工序在工业企业其他废气表中填报。详见 G103-8 表、G103-9 表。

石化企业工艺加热炉废气治理与排放情况

表　　号： G103-8 表
制定机关： 国务院第二次全国污染源
普查领导小组办公室
批准机关： 国家统计局
批准文号： 国统制〔2018〕103 号
有效期至： 2019 年 12 月 31 日

统一社会信用代码：□□□□□□□□□□□□□□□□□□（□□）
组织机构代码：□□□□□□□□-□（□□）
单位详细名称（盖章）：　　　　　　　　　2017 年

指标名称	计量单位	代码	指标值	
			加热炉 1	加热炉 2
甲	乙	丙	1	2
一、基本信息	—	—	—	—
加热炉编号	—	01		
加热物料名称	—	02		
加热炉规模	兆瓦	03		
热效率	—	04		
炉膛平均温度	℃	05		
年生产时间	小时	06		
二、燃料消耗情况	—	—	—	—
燃料一类型	—	07		
燃料一消耗量	吨或万立方米	08		
燃料一低位发热量	千卡/千克或千卡/标准立方米	09		
燃料一平均收到基含硫量	%或毫克/立方米	10		
燃料二类型	—	11		
燃料二消耗量	吨或万立方米	12		
燃料二低位发热量	千卡/千克或千卡/标准立方米	13		
燃料二平均收到基含硫量	%或毫克/立方米	14		
三、治理设施及污染物产生排放情况	—	—		
脱硫设施编号	—	15		
脱硫工艺	—	16		

指标名称	计量单位	代码	指标值	
			加热炉 1	加热炉 2
甲	乙	丙	1	2
脱硫效率	%	17		
脱硫设施年运行时间	小时	18		
脱硫剂名称	—	19		
脱硫剂使用量	吨	20		
是否采用低氮燃烧技术	—	21	□　1 是　2 否	□　1 是　2 否
除尘设施编号	—	22		
除尘工艺	—	23		
除尘效率	%	24		
除尘设施年运行时间	小时	25		
工业废气排放量	万立方米	26		
二氧化硫产生量	吨	27		
二氧化硫排放量	吨	28		
氮氧化物产生量	吨	29		
氮氧化物排放量	吨	30		
颗粒物产生量	吨	31		
颗粒物排放量	吨	32		
挥发性有机物产生量	千克	33		
挥发性有机物排放量	千克	34		

单位负责人：　　　　　统计负责人（审核人）：　　　　填表人：　　　　报出日期：20　年　月　日

石化企业生产工艺废气治理与排放情况

表　　号： G103-9 表

制定机关： 国务院第二次全国污染源

普查领导小组办公室

统一社会信用代码：□□□□□□□□□□□□□□□□□□（□□） 批准机关： 国家统计局

组织机构代码：□□□□□□□□□（□□） 批准文号： 国统制〔2018〕103 号

单位详细名称（盖章）： 2017 年 有效期至： 2019 年 12 月 31 日

指标名称	计量单位	代码	指标值	
			装置 1	装置 2
甲	乙	丙	1	2
一、基本信息	—	—	—	—
装置名称	—	01		
装置编号	—	02		
生产能力	—	03		
生产能力的计量单位	—	04		
年生产时间	小时	05		
二、产品信息	—	—	—	—
产品名称	—	06		
产品产量	—	07		
产品产量的计量单位	—	08		
三、原料信息	—	—	—	—
原料名称	—	09		
原料用量	—	10		
原料用量的计量单位	—	11		
四、治理设施及污染物产生排放情况	—	—	—	—
脱硫设施编号		12		
脱硫工艺	—	13		
脱硫效率	%	14		
脱硫设施年运行时间	小时	15		
脱硫剂名称	—	16		
脱硫剂使用量	吨	17		
脱硝设施编号	—	18		
脱硝工艺	—	19		

指标名称	计量单位	代码	指标值	
			装置1	装置2
甲	乙	丙	1	2
脱硝效率	%	20		
脱硝设施年运行时间	小时	21		
脱硝剂名称	—	22		
脱硝剂使用量	吨	23		
除尘设施编号	—	24		
除尘工艺	—	25		
除尘效率	%	26		
除尘设施年运行时间	小时	27		
挥发性有机物处理设施编号	—	28		
挥发性有机物处理工艺	—	29		
挥发性有机物去除效率	%	30		
挥发性有机物处理设施年运行时间	小时	31		
工艺废气排放量	万立方米	32		
二氧化硫产生量	吨	33		
二氧化硫排放量	吨	34		
氮氧化物产生量	吨	35		
氮氧化物排放量	吨	36		
颗粒物产生量	吨	37		
颗粒物排放量	吨	38		
挥发性有机物产生量	千克	39		
挥发性有机物排放量	千克	40		
氨排放量	吨	41		
五、全厂动静密封点及循环水冷却塔情况	—			
全厂动静密封点个数	个	42		
全厂动静密封点挥发性有机物产生量	千克	43		
全厂动静密封点挥发性有机物排放量	千克	44		
敞开式循环水冷却塔年循环水量	立方米	45		
敞开式循环水冷却塔挥发性有机物产生量	千克	46		
敞开式循环水冷却塔挥发性有机物排放量	千克	47		

单位负责人：　　　　　统计负责人（审核人）：　　　　填表人：　　　　报出日期：20　年　月　日

《石化企业工艺加热炉废气治理与排放情况》（G103-8 表）主要指标解释如下：

本表仅限于石化企业填报，石化行业范围为执行《石油化学工业污染物排放标准》（GB 31571—2015）和《石油炼制工业污染物排放标准》（GB 31570—2015）的工业企业。

工艺加热炉   指用燃料燃烧加热管内流动的液体或气体物料的设备。

热效率   被加热物料吸收的有效热量与燃料燃烧放出总热量之比。

治理设施及污染物产生排放情况   有多个排放口，且治理设施有多套的，填写排放量占比最大的排放口的污染治理设施情况，但排放量要填写相应加热炉所有排放口和无组织排放的排放量。

《石化企业生产工艺废气治理与排放情况》（G103-9 表）主要指标解释如下：

执行《石油化学工业污染物排放标准》（GB 31571—2015）和《石油炼制工业污染物排放标准》（GB 31570—2015）的石化企业填报。

生产工艺废气   指石化企业生产过程中除工艺加热炉以外，其他生产装置产生的废气。

全厂动静密封点个数   指全厂内涉挥发性有机物物料（VOCs 质量分数大于或等于10%的物料）的泵、压缩机、搅拌器、阀门、泄压设备、开口管线、法兰、连接件、其他，共 9 大类的总个数。

5.4.2   废气通用设施专表指标设计

废气通用设施专表以普查对象的废气通用设施的生产线/设备为普查单元，分为工业企业锅炉/燃气轮机废气治理与排放情况普查表，工业企业炉窑废气治理与排放情况普查表，工业企业含挥发性有机物原辅材料使用信息普查表，工业企业有机液体储罐、装载信息普查表，工业企业固体物料堆存信息普查表。每项通用设施普查报表指标包括生产线/设备基本信息、燃料消耗情况、原料情况、产品情况、污染治理情况和主要污染物产生排放情况，其中工业企业锅炉/燃气轮机细化到排放口普查污染物产排量，其他通用设施以生产线/设备/产品/原料等为普查单元普查污染物的产排量。

生产线/设备/产品/原料基本信息主要包括生产规模和年运行时间。

燃料、原料、产品数量和单位指标，本着报表指标精简的原则，仅列出字典项，普查对象通过数据管理系统在线填报时可以通过下拉菜单，实现多种以上的燃料、原料、产品的填报。

污染治理设施以生产线/设备为载体，若 2 个及以上生产线/设备共用一套治理设施，则通过填报相同的污染治理设施编号实现，污染物产排情况与污染治理设施对应起来，实现了生产线/设备—废气治理设施—污染物排放一体化的"产治排"普查目标。

废气通用设施废气污染物排放包括有组织排放和无组织排放。详见 G103-1 表、G103-2 表、G103-10 表至 G103-12 表。

工业企业锅炉/燃气轮机废气治理与排放情况

表　　号：　　G103-1 表

制定机关：　国务院第二次全国污染源

普查领导小组办公室

批准机关：　　国家统计局

批准文号：　国统制〔2018〕103 号

有效期至：　2019 年 12 月 31 日

统一社会信用代码：□□□□□□□□□□□□□□□□□□（□□）

组织机构代码：□□□□□□□□（□□）

单位详细名称（盖章）：　　　　　　　　　　　2017 年

指标名称	计量单位	代码	指标值	
			锅炉/燃气轮机 1	锅炉/燃气轮机 2
甲	乙	丙	1	2
一、电站锅炉/燃气轮机基本信息	—	—	—	—
电站锅炉/燃气轮机编号	—	01		
电站锅炉/燃气轮机类型	—	02		
对应机组编号	—	03		
对应机组装机容量	万千瓦	04		
是否热电联产	—	05		
电站锅炉燃烧方式名称	—	06		
电站锅炉/燃气轮机额定出力	蒸吨/小时	07		
电站锅炉/燃气轮机运行时间	小时	08		
二、工业锅炉基本信息	—	—		
工业锅炉编号	—	09		
工业锅炉类型	—	10		
工业锅炉用途	—	11	□　　□　　□ 1 生产 2 采暖 3 其他	□　　□　　□ 1 生产 2 采暖 3 其他
工业锅炉燃烧方式名称	—	12		
工业锅炉额定出力	蒸吨/小时	13		
工业锅炉运行时间	小时	14		
三、产品、燃料信息	—	—	—	—
发电量	万千瓦时	15		
供热量	万吉焦	16		
燃料一类型	—	17		
燃料一消耗量	吨或万立方米	18		
其中：发电消耗量	吨或万立方米	19		
供热消耗量	吨或万立方米	20		
燃料一低位发热量	千卡/千克或千卡/标准立方米	21		
燃料一平均收到基含硫量	%或毫克/立方米	22		
燃料一平均收到基灰分	%	23		

指标名称	计量单位	代码	指标值	
			锅炉/燃气轮机1	锅炉/燃气轮机2
甲	乙	丙	1	2
燃料一平均干燥无灰基挥发分	%	24		
燃料二类型	—	25		
燃料二消耗量	吨或万立方米	26		
其中：发电消耗量	吨或万立方米	27		
供热消耗量	吨或万立方米	28		
燃料二低位发热量	千卡/千克或千卡/标准立方米	29		
燃料二平均收到基含硫量	%或毫克/立方米	30		
燃料二平均收到基灰分	%	31		
燃料二平均干燥无灰基挥发分	%	32		
其他燃料消耗总量	吨标准煤	33		
四、治理设施及污染物产生排放情况	—	—	—	—
排放口编号	—	34		
排放口地理坐标	—	35	经度：__度__分__秒 纬度：__度__分__秒	经度：__度__分__秒 纬度：__度__分__秒
排放口高度	米	36		
脱硫设施编号	—	37		
脱硫工艺	—	38		
脱硫效率	%	39		
脱硫设施年运行时间	小时	40		
脱硫剂名称	—	41		
脱硫剂使用量	吨	42		
是否采用低氮燃烧技术	—	43	□　　1 是　2 否	□　　1 是　2 否
脱硝设施编号	—	44		
脱硝工艺	—	45		
脱硝效率	%	46		
脱硝设施年运行时间	小时	47		
脱硝剂名称	—	48		
脱硝剂使用量	吨	49		
除尘设施编号	—	50		
除尘工艺	—	51		
除尘效率	%	52		
除尘设施年运行时间	小时	53		
工业废气排放量	万立方米	54		
二氧化硫产生量	吨	55		
二氧化硫排放量	吨	56		

指标名称	计量单位	代码	指标值	
			锅炉/燃气轮机 1	锅炉/燃气轮机 2
甲	乙	丙	1	2
氮氧化物产生量	吨	57		
氮氧化物排放量	吨	58		
颗粒物产生量	吨	59		
颗粒物排放量	吨	60		
挥发性有机物产生量	千克	61		
挥发性有机物排放量	千克	62		
氨排放量	吨	63		
废气砷产生量	千克	64		
废气砷排放量	千克	65		
废气铅产生量	千克	66		
废气铅排放量	千克	67		
废气镉产生量	千克	68		
废气镉排放量	千克	69		
废气铬产生量	千克	70		
废气铬排放量	千克	71		
废气汞产生量	千克	72		
废气汞排放量	千克	73		

单位负责人：　　　　统计负责人（审核人）：　　　　填表人：　　　　报出日期：20　年　月　日

《工业企业锅炉/燃气轮机废气治理与排放情况》（G103-1 表）主要指标解释如下：

电站锅炉/燃气轮机类型　指相应的电站锅炉/燃气轮机的类型，按表 5-5 的代码填报。

表 5-5　锅炉/燃气轮机类型代码

代码	按燃料类型分
R1	燃煤锅炉
R2	燃油锅炉
R3	燃气锅炉
R4	燃生物质锅炉
R5	余热利用锅炉
R6	其他锅炉
R7	燃气轮机

电站锅炉燃烧方式　指相应的电站锅炉根据不同燃料类型的锅炉燃烧方式，按表 5-6 的代码填报。

表 5-6　锅炉燃烧方式及代码

代码	燃煤锅炉	代码	燃油锅炉	代码	生物质锅炉
RM01	抛煤机炉	RY01	室燃炉	RS01	层燃炉
RM02	链条炉	RY02	其他	RS02	其他
RM03	其他层燃炉	代码	燃气锅炉	—	—
RM04	循环流化床锅炉	RQ01	室燃炉	—	—
RM05	煤粉炉	RQ02	其他	—	—
RM06	其他	—	—	—	—

电站锅炉/燃气轮机额定出力　指相应的电站锅炉（燃气轮机）每小时的额定出力，统一按单位"蒸吨/小时"填报。换算关系：60 万大卡/小时≈1 蒸吨/小时（t/h）≈0.7 兆瓦（MW）。

工业锅炉额定出力　指相应工业锅炉每小时的额定出力，统一按单位"蒸吨/小时"填报。换算关系：60 万大卡/小时≈1 蒸吨/小时（t/h）≈0.7 兆瓦（MW）。

燃烧方式　指相应工业锅炉的燃烧方式，见表 5-6。

供热量　指 2017 年度相应电站锅炉除供应对应发电机组外，提供蒸汽或热水的总供热量。纯供热锅炉，其供热量按母管供热方式分配到其他机组。

发电标准煤耗　指相应发电机组单位发电量耗用的折合标准煤的量。

工业企业炉窑废气治理与排放情况

表　　　号：　　　　　G103-2 表
制定机关：　国务院第二次全国污染源
　　　　　　　普查领导小组办公室
批准机关：　　　　　　国家统计局
批准文号：　国统制〔2018〕103 号
有效期至：　2019 年 12 月 31 日

统一社会信用代码：□□□□□□□□□□□□□□□□□□（□□）
组织机构代码：□□□□□□□□□（□□）
单位详细名称（盖章）：　　　　　　　　2017 年

指标名称	计量单位	代码	指标值	
			炉窑 1	炉窑 2
甲	乙	丙	1	2
一、基本信息	—	—	—	—
炉窑类型	—	01		
炉窑编号	—	02		
炉窑规模	—	03		
炉窑规模的计量单位	—	04		
年生产时间	小时	05		

指标名称	计量单位	代码	指标值	
			炉窑1	炉窑2
甲	乙	丙	1	2
二、燃料信息	—	—	—	—
燃料一类型	—	06		
燃料一消耗量	吨或万立方米	07		
燃料一低位发热量	千卡/千克或千卡/标准立方米	08		
燃料一平均收到基含硫量	%或毫克/立方米	09		
燃料一平均收到基灰分	%	10		
燃料一平均干燥无灰基挥发分	%	11		
燃料二类型	—	12		
燃料二消耗量	吨或万立方米	13		
燃料二低位发热量	千卡/千克或千卡/标准立方米	14		
燃料二平均收到基含硫量	%或毫克/立方米	15		
燃料二平均收到基灰分	%	16		
燃料二平均干燥无灰基挥发分	%	17		
其他燃料消耗总量	吨标准煤	18		
三、产品信息	—	—	—	—
产品名称	—	19		
产品产量	—	20		
产品产量的计量单位		21		
四、原料信息	—	—	—	—
原料名称	—	22		
原料用量		23		
原料用量的计量单位		24		
五、治理设施及污染物产生排放情况	—	—	—	—
脱硫设施编号	—	25		
脱硫工艺	—	26		
脱硫效率	—	27		
脱硫设施年运行时间	小时	28		
脱硫剂名称	—	29		
脱硫剂使用量	吨	30		
脱硝设施编号	—	31		
脱硝工艺		32		
脱硝效率	—	33		
脱硝设施年运行时间	小时	34		
脱硝剂名称	—	35		

指标名称	计量单位	代码	指标值	
			炉窑 1	炉窑 2
甲	乙	丙	1	2
脱硝剂使用量	吨	36		
除尘设施编号	—	37		
除尘工艺	—	38		
除尘效率	%	39		
除尘设施年运行时间	小时	44		
工业废气排放量	万立方米	45		
二氧化硫产生量	吨	46		
二氧化硫排放量	吨	47		
氮氧化物产生量	吨	48		
氮氧化物排放量	吨	49		
颗粒物产生量	吨	50		
颗粒物排放量	吨	51		
挥发性有机物产生量	千克	52		
挥发性有机物排放量	千克	53		
氨排放量	吨	54		
废气砷产生量	千克	55		
废气砷排放量	千克	56		
废气铅产生量	千克	57		
废气铅排放量	千克	58		
废气镉产生量	千克	59		
废气镉排放量	千克	60		
废气铬产生量	千克	61		
废气铬排放量	千克	62		
废气汞产生量	千克	63		
废气汞排放量	千克	64		

单位负责人：　　　　　统计负责人（审核人）：　　　　填表人：　　　　报出日期：20　年　月　日

《工业企业炉窑废气治理与排放情况》（G103-2 表）主要指标解释如下：

工业企业炉窑　指在工业生产中用燃料燃烧或电能转换产生的热量，将物料或工件进行冶炼、焙烧、熔化、加热等工序的热工设备。炼焦、烧结/球团、炼铁、炼钢、水泥熟料、石化等生产线涉及的炉窑填报 G103-3 表、G103-4 表、G103-5 表、G103-6 表、G103-7 表、G103-8 表、G103-9 表，除此之外，其他炉窑填报本表。

炉窑类型　相应炉窑的类型，按表 5-7 填报。

表 5-7 工业炉窑类别及代码

代码	工业炉窑类别	代码	工业炉窑类别
01	熔炼炉	10	热处理炉
02	熔化炉	11	烧成窑
03	加热炉	12	干燥炉（窑）
04	管式炉	13	熔煅烧炉（窑）
05	接触反应炉	14	电弧炉
06	裂解炉	15	感应炉（高温冶炼）
07	电石炉	16	焚烧炉
08	煅烧炉	17	煤气发生炉
09	沸腾炉	18	其他工业炉窑

治理设施及污染物产生排放情况 有多个排放口，且治理设施有多套的，填写排放量占比最大的排放口的污染治理设施情况，但排放量要填写相应炉窑所有排放口和无组织排放的排放量。

工业企业有机液体储罐、装载信息

表　号：　　　　　　　G103-10 表
制定机关：国务院第二次全国污染源
　　　　　　　　普查领导小组办公室
统一社会信用代码：□□□□□□□□□□□□□□□□□□（□□）　批准机关：　　　　国家统计局
组织机构代码：□□□□□□□□（□□）　批准文号：国统制〔2018〕103 号
单位详细名称（盖章）：　　　　　　　2017 年　有效期至：　2019 年 12 月 31 日

指标名称	计量单位	代码	指标值	
			物料 1	物料 2
甲	乙	丙	1	2
一、基本信息	—	—	—	—
物料名称	—	01		
物料代码		02		
二、储罐信息	—	—		
储罐类型	—	03	□	□
储罐容积	立方米	04		
储存温度	℃	05		
相同类型、容积、温度的储罐个数	个	06		
物料年周转量	吨	07		
挥发性有机物处理工艺	—	08		

指标名称	计量单位	代码	指标值	
			物料 1	物料 2
甲	乙	丙	1	2
三、装载信息	—	—	—	—
年装载量	吨/年	09		
其中：汽车/火车装载量	吨/年	10		
汽车/火车装载方式	—	11	□	□
船舶装载量	吨/年	12		
船舶装载方式	—	13	□	□
挥发性有机物处理工艺		14		
四、污染物产生排放情况	—	—	—	—
挥发性有机物产生量	千克	15		
挥发性有机物排放量	千克	16		

单位负责人：　　　　统计负责人（审核人）：　　　　填表人：　　　　报出日期：20　年　月　日

《工业企业有机液体储罐、装载信息》（G103-10 表）主要指标解释如下：

本表由有有机液体储罐的工业企业填报，表 4-2 所列行业企业储罐容积达到 20 立方米以上的必须填报。

物料名称　指相应储罐储存的有机液体物料的名称，参照表 5-8 的分类名称填报。如无相关对应物质，则填入"其他（物质名称）"；如储罐内物料为混合物，可填报混合物主体物质或含量最高的物料。

表 5-8　储罐、装载的有机液体物料名称

代码	物料名称	代码	物料名称	代码	物料名称
01	原油	17	正壬烷	33	甲酸甲酯
02	重石脑油	18	正癸烷	34	乙酸乙酯
03	柴油	19	甲醇	35	丁酸乙酯
04	烷基化油	20	乙醇	36	丙酮
05	抽余油	21	正丁醇	37	苯
06	蜡油	22	环己醇	38	甲苯
07	渣油	23	乙二醇	39	邻二甲苯
08	污油	24	丙三醇	40	间二甲苯
09	燃料油	25	二乙苯	41	对二甲苯
10	汽油	26	苯酚	42	丙苯
11	航空汽油	27	苯乙烯	43	乙苯
12	轻石脑油	28	醋酸	44	正丙苯
13	航空煤油	29	正丁酸	45	异丙苯
14	正己烷	30	丙烯酸	46	MTBE
15	正庚烷	31	丙烯腈	47	乙二胺
16	正辛烷	32	醋酸乙烯	48	三乙胺

储罐类型 指相应储罐根据结构的不同所属的具体类型。按①固定顶罐；②内浮顶罐；③外浮顶罐。卧式罐、方形罐按固定顶罐填写，不统计压力储罐，分类填报。

储存温度 指储罐内储存物料实际储存的温度平均值（精确到个位数）。对于需伴热储存的物料，填报储存期间该储罐伴热温度的平均值；如为工艺生产中间罐储存的物料，可参考前序生产装置物料产出温度填报储罐温度；其他情况下，常温储存物料，按该地区常年平均气温填报储罐温度。

汽车/火车装载方式 指有机液体采用汽车/火车运输时的装载方式。可选择：①液下装载；②底部装载；③喷溅式装载；④桶装；⑤其他。见图5-2。

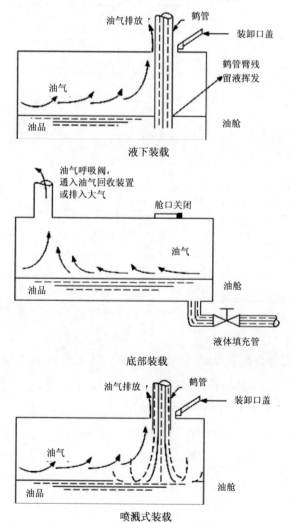

图5-2 汽车/火车运输时装载方式示意图

船舶装载方式 指装载有机液体的船舶类型。可选择：①轮船；②驳船；③远洋驳船。

工业企业含挥发性有机物原辅材料使用信息

表　　号：　　　G103-11 表
制定机关：　国务院第二次全国污染源
　　　　　　　普查领导小组办公室
批准机关：　　　　　国家统计局
批准文号：　国统制〔2018〕103 号
有效期至：　　2019 年 12 月 31 日

统一社会信用代码：□□□□□□□□□□□□□□□□□□（□□）
组织机构代码：□□□□□□□□□（□□）
单位详细名称（盖章）：　　　　　　　　　　　2017 年

指标名称	计量单位	代码	指标值	
			原辅材料名称 1	原辅材料名称 2
甲	乙	丙	1	2
含挥发性有机物的原辅材料类别	—	01	□	□
含挥发性有机物的原辅材料名称	—	02		
含挥发性有机物的原辅材料代码	—	03		
含挥发性有机物的原辅材料品牌	—	04		
含挥发性有机物的原辅材料品牌代码	—	05		
含挥发性有机物的原辅材料使用量	吨	06		
挥发性有机物处理工艺	—	07		
挥发性有机物收集方式	—	08	□	□
挥发性有机物产生量	千克	09		
挥发性有机物排放量	千克	10		

单位负责人：　　　　统计负责人（审核人）：　　　　填表人：　　　　报出日期：20　年　月　日

《工业企业含挥发性有机物原辅材料使用信息》（G103-11 表）主要指标解释如下：

表 4-3 所列行业企业年使用量 1 吨以上的必填 G103-11 表。

含挥发性有机物的原辅材料类别　指普查对象 2017 年度使用的含有挥发性有机物的原辅材料的类别。按①涂料；②油墨；③胶黏剂；④稀释剂；⑤清洗剂；⑥溶剂；⑦其他有机溶剂（包括涂布液、润版液、洗车水、助焊剂、除油剂等，请注明），分类填报类别名称。

含挥发性有机物的原辅材料名称及代码　指普查对象使用的含有挥发性有机物的原辅材料的名称。溶剂、清洗剂、稀释剂只需参考表 5-9 中的名称（包括但不限于），无须在普查表中明确具体名称。可参照表 5-9 选择填报，如无可对应名称，则填入"其他"。

表 5-9　含挥发性有机物的原辅材料类别及物料名称

代码	有机溶剂类别	名称	代码	有机溶剂类别	名称
V01	涂料	环氧富锌漆	V37	油墨	溶剂型凹版油墨
V02	涂料	环氧漆	V38	油墨	水性凸版油墨
V03	涂料	环氧面漆	V39	油墨	溶剂型凸版油墨
V04	涂料	丙烯酸面漆	V40	油墨	水性孔版油墨
V05	涂料	氯化橡胶面漆	V41	油墨	溶剂型孔版油墨
V06	涂料	聚氨酯面漆	V42	油墨	喷墨墨水
V07	涂料	沥青底架漆	V43	油墨	UV 油墨
V08	涂料	改性环氧底架漆	V44	胶黏剂	PVAc 及共聚物乳液水基胶粘剂
V09	涂料	水性环氧富锌漆	V45	胶黏剂	VAE 乳液水基型胶粘剂
V10	涂料	水性环氧漆	V46	胶黏剂	聚丙烯酸酯乳液水基型胶粘剂
V11	涂料	水性丙烯酸漆	V47	胶黏剂	聚氨酯类水基型胶粘剂
V12	涂料	水性环氧面漆	V48	胶黏剂	聚丙烯酸酯类溶剂型胶粘剂
V13	涂料	水性丙烯酸面漆	V49	胶黏剂	氯丁橡胶类溶剂型胶粘剂
V14	涂料	水性聚氨酯面漆	V50	胶黏剂	丁苯胶乳类胶粘剂
V15	涂料	硝基涂料（NC）	V51	稀释剂	天那水
V16	涂料	酸固化涂料（AC）	V52	稀释剂	乙醇
V17	涂料	不饱和树脂涂料（PE）	V53	稀释剂	甲苯
V18	涂料	聚氨酯中涂漆	V54	稀释剂	开油水
V19	涂料	电泳漆	V55	稀释剂	异佛尔酮
V20	涂料	醇酸漆	V56	清洗剂	甲醇
V21	涂料	环氧防腐油漆	V57	清洗剂	乙醇
V22	涂料	聚氨酯防腐油漆	V58	清洗剂	石油醚
V23	涂料	丙烯酸防腐油漆	V59	清洗剂	乙醚
V24	涂料	溶剂型三防漆	V60	清洗剂	丙酮
V25	涂料	UV 固化三防漆	V61	清洗剂	苯类
V26	涂料	聚氨酯三防漆	V62	溶剂	苯
V27	涂料	有机硅三防漆	V63	溶剂	二甲苯
V28	油墨	溶剂型油墨	V64	溶剂	丁酮
V29	油墨	植物大豆油墨	V65	溶剂	苯乙烯
V30	油墨	UV 固化油墨	V66	溶剂	丙烯酸
V31	油墨	醇溶性油墨	V67	溶剂	乙酸乙酯
V32	油墨	水性油墨	V68	溶剂	丙烯酸酯
V33	油墨	溶剂型平版油墨	V69	其他有机溶剂	有机酸助焊剂
V34	油墨	植物大豆平版油墨	V70	其他有机溶剂	松香助焊剂
V35	油墨	水性平版油墨	V71	其他有机溶剂	溶剂型除油剂
V36	油墨	水性凹版油墨	V72	其他有机溶剂	水基型除油剂

含挥发性有机物的原辅材料品牌及代码　指 2017 年度相应原辅材料的品牌，仅涂料、油墨、胶粘剂填入品牌，可按表 5-10 选择，如无可对应名称，则填入"其他"。

表 5-10　含挥发性有机物的原辅材料品牌

代码	品牌	代码	品牌	代码	品牌
PP01	中远关西涂料化工	PP25	佳鹰	PP49	东洋
PP02	中涂化工	PP26	瑞思特	PP50	上海牡丹
PP03	海虹老人涂料	PP27	科德	PP51	立宝
PP04	天津德威涂料	PP28	泰丽	PP52	江苏中润
PP05	金刚化工	PP29	都芳	PP53	广东天龙
PP06	立邦漆	PP30	来威	PP54	杭华
PP07	多乐士	PP31	光明	PP55	珠海乐通
PP08	嘉宝莉	PP32	灯塔	PP56	苏州科斯伍德
PP09	三棵树	PP33	湘江漆	PP57	中山恒美
PP10	华润漆	PP34	大桥	PP58	乐通
PP11	百事得	PP35	威士伯	PP59	苏州科斯伍德
PP12	数码彩	PP36	永新	PP60	天津东洋
PP13	恒美	PP37	KCC	PP61	富乐
PP14	君子兰	PP38	佐敦	PP62	国胶
PP15	紫荆花	PP39	兰陵	PP63	德莎
PP16	施彩乐	PP40	双虎	PP64	永乐
PP17	PPG	PP41	宣伟	PP65	西卡
PP18	菊花漆	PP42	中益	PP66	成铭
PP19	金力泰	PP43	洋紫荆	PP67	永大
PP20	新华丽	PP44	美宁	PP68	3M
PP21	恒隆	PP45	美吉	PP69	赢创
PP22	飞扬	PP46	杜比	PP70	道康宁
PP23	后浪	PP47	正鸿高科		
PP24	Chiboom	PP48	百利宝		

挥发性有机物收集方式　指挥发性有机物经收集进入处理设施的具体方式，从以下 5 种中选择其一：

（1）密闭管道：挥发性有机物通过密闭管道直接排入处理设施；

（2）密闭空间：挥发性有机物在密闭空间区域内无组织排放，但通过抽风设施排入处理设施，无组织排放区域处于负压操作状态，并设有压力监测器；

（3）排气柜：挥发性有机物在非密闭空间区域内无组织排放，但通过抽风设施排入处理设施，且采用集气柜作为废气收集系统；

（4）外部集气罩：挥发性有机物在非密闭空间区域内无组织排放，但通过抽风设施排入处理设施，且采用外部吸（集、排）气罩作为废气收集系统；

（5）其他收集方式：除上述 4 种方式以外的其他方式。

工业企业固体物料堆存信息

表　　号：　G103-12 表
制定机关：　国务院第二次全国污染源普查领导小组办公室
批准机关：　国家统计局
批准文号：　国统制〔2018〕103 号
有效期至：　2019 年 12 月 31 日

统一社会信用代码：□□□□□□□□□□□□□□□□□□（□□）
组织机构代码：□□□□□□□□（□□）
单位详细名称（盖章）：　　　　　　　　　　2017 年

指标名称	计量单位	代码	指标值	
			堆场 1	堆场 2
甲	乙	丙	1	2
一、基本信息	—	—	—	—
堆场编号	—	01		
堆场名称		02		
堆场类型	—	03	□	□
堆存物料		04	□□	□□
堆存物料类型		05	□	□
占地面积	平方米	06		
最高高度	米	07		
日均储存量	吨	08		
物料最终去向	—	09	□	□
二、运载信息				
年物料运载车次	车	10		
单车平均运载量	吨/车	11		
三、控制设施及污染物产生排放情况	—		—	—
粉尘控制措施	—	12	□	□
粉尘产生量	吨	13		
粉尘排放量	吨	14		
挥发性有机物产生量	千克	15		
挥发性有机物排放量	千克	16		

单位负责人：　　　　统计负责人（审核人）：　　　　填表人：　　　　报出日期：20　年　月　日

《工业企业固体物料堆存信息》（G103-12 表）主要指标解释如下：

堆场类型　指相应堆场堆放料堆的方式。可选择：①敞开式堆放；②密闭式堆放；③半敞开式堆放；④其他（请注明）。

堆存物料　指相应堆场堆放的具体固体物料。可以选择：①煤炭（非褐煤）；②褐煤；③煤矸石；④碎焦炭；⑤石油焦；⑥铁矿石；⑦烧结矿；⑧球团矿；⑨块矿；⑩混合矿石；⑪尾矿；⑫石灰岩；⑬陈年石灰石；⑭各种石灰石产品；⑮芯球；⑯表土；⑰炉渣；⑱烟道灰；⑲油泥；⑳污泥；㉑含油碱渣。

堆存物料类型　可选择：①中间产品；②原料；③产品；④其他（请注明）。

物料最终去向　按①成品外送；②中间料参与反应；③其他（请注明），分类填报物料最终去向。

年物料运载车次、单车平均运载量　指 2017 年度相应堆场物料运载的车次数和平均每车的物料运载量。

粉尘控制措施　指相应堆场采取的粉尘排放控制措施。按①洒水；②围挡；③化学剂；④编织布覆盖；⑤出入车辆冲洗；⑥其他，分类填报。

粉尘、挥发性有机物产生量　指相应堆场产生的未经过处理的废气中所含的粉尘、挥发性有机物的质量。

5.4.3　废气污染物核算过程普查表设计

废气污染物核算过程普查表共 2 张，包括废气污染物监测法核算表（1 张）和废气污染物产排污系数核算表（1 张）。

废气污染物监测法核算表为工业企业废气监测数据结果表，是针对监测点位、监测点位对应的设备和排放口的监测结果。

工业企业废气污染物产排污系数核算表分排污工序、排污节点，根据产品、原料、工艺、规模等组合确定产污系数，再根据治理工艺确定污染物去除效率或排污系数，从而核算得出污染物产排量。详见 G106-1 表、G106-3 表。

工业企业污染物产排污系数核算信息

表　　号：　　　　　　G106-1 表
制定机关：　国务院第二次全国污染源
　　　　　　普查领导小组办公室

统一社会信用代码：□□□□□□□□□□□□□□□□□□（□□）　批准机关：　　　　　国家统计局
组织机构代码：□□□□□□□□（□□）　批准文号：　国统制〔2018〕103 号
单位详细名称（盖章）：　　　　　　　2017 年　有效期至：　2019 年 12 月 31 日

指标名称	代码	核算环节 1	核算环节 2	核算环节 3	······
甲	乙	1	2	3	······
对应的普查表号	01				
对应的排放口名称/编号	02				
核算环节名称	03				
原料名称	04				
产品名称	05				
工艺名称	06				
生产规模等级	07				
生产规模的计量单位	08				
产品产量	09				
产品产量的计量单位	10				
原料/燃料用量	11				
原料/燃料用量的计量单位	12				
污染物名称	13				
污染物产污系数及计量单位	14				
污染物产污系数中参数取值	15				
污染物产生量及计量单位	16				
污染物处理工艺名称	17				
污染物去除效率/排污系数及计量单位	18				
污染治理设施实际运行参数一名称	19				
污染治理设施实际运行参数一数值	20				
污染治理设施实际运行参数一计量单位	21				
污染治理设施实际运行参数二名称	22				
污染治理设施实际运行参数二数值	23				
污染治理设施实际运行参数二计量单位	24				
污染治理设施实际运行参数三名称	25				
污染治理设施实际运行参数三数值	26				
污染治理设施实际运行参数三计量单位	27				
污染物排放量	28				
污染物排放量计量单位	29				
排污许可证执行报告排放量	30				

单位负责人：　　　统计负责人（审核人）：　　　填表人：　　　报出日期：20　年　月　日

工业企业废气监测数据

表　　　号：　　　　　G106-3 表
制定机关：　国务院第二次全国污染源
　　　　　　　普查领导小组办公室

统一社会信用代码：□□□□□□□□□□□□□□□□□□（□□）　批准机关：　　　　　国家统计局
组织机构代码：□□□□□□□□（□□）　批准文号：　国统制〔2018〕103 号
单位详细名称（盖章）：　　　　　　　　　2017 年　有效期至：　2019 年 12 月 31 日

指标名称	计量单位	代码	指标值
甲	乙	丙	1
对应的普查表号	—	01	
对应的排放口名称/编号	—	02	
平均流量	立方米/小时	03	
年排放时间	小时	04	
二氧化硫进口浓度	毫克/立方米	05	
二氧化硫出口浓度	毫克/立方米	06	
氮氧化物进口浓度	毫克/立方米	07	
氮氧化物出口浓度	毫克/立方米	08	
颗粒物进口浓度	毫克/立方米	09	
颗粒物出口浓度	毫克/立方米	10	
挥发性有机物进口浓度	毫克/立方米	11	
挥发性有机物出口浓度	毫克/立方米	12	
氨进口浓度	毫克/立方米	13	
氨出口浓度	毫克/立方米	14	
砷及其化合物进口浓度	毫克/立方米	15	
砷及其化合物出口浓度	毫克/立方米	16	
铅及其化合物进口浓度	毫克/立方米	17	
铅及其化合物出口浓度	毫克/立方米	18	
镉及其化合物进口浓度	毫克/立方米	19	
镉及其化合物出口浓度	毫克/立方米	20	
铬及其化合物进口浓度	毫克/立方米	21	
铬及其化合物出口浓度	毫克/立方米	22	
汞及其化合物进口浓度	毫克/立方米	23	
汞及其化合物出口浓度	毫克/立方米	24	

单位负责人：　　　　　统计负责人（审核人）：　　　　填表人：　　　　报出日期：20　年　月　日

《工业企业污染物产排污系数核算信息》（G106-1 表）主要指标解释如下：

核算环节名称　涉及污染物产生、治理、排放，需单独核算污染物产生量或排放量的一个生产工序、设备或生产单元的名称，如烧结机机头、烧结机一般排放口、工业炉窑无组织排放等。

对应的普查表号　指该核算环节核算的污染物，及其相应信息对应普查报表目录中的那张表。

对应的排放口名称/编号　指该核算环节对应的普查表中，若区分具体排放口的，填报对应的排放口的名称和编号。

产品名称、原料名称等指标　按照工业行业污染核算用主要产品、原料、生产工艺分类目录选择填报。

排污许可证执行报告排放量　指经管理部门认可的 2017 年排污许可证执行报告中年度排放量数据。

《工业企业废气监测数据》（G106-3 表）主要指标解释如下：

对应的普查表号　指使用监测数据核算某个排放口的废气污染物，及其相应信息对应普查报表目录中的那张表。

对应废气排放口名称/编号　指相应监测点位对应的废气排放口的名称/编号，应与相应普查表中的排放口名称/编号保持一致。

5.4.4　其他废气普查表设计

针对非水泥、钢铁、火电、石化行业企业的生产工艺废气，以及上述行业的非主要生产工序废气，在工业企业其他废气治理与排放情况普查表中填报。

其他废气表依据企业实际生产工艺，按不同的产品或原料对应的生产工艺废气进行普查。普查指标包括基本信息、产品/原料量、治理设施运行及污染物排放情况。详见 G103-13 表。

工业企业其他废气治理与排放情况

表　　号：　　　G103-13 表

制定机关：　国务院第二次全国污染源

普查领导小组办公室

批准机关：　　　国家统计局

批准文号：　国统制〔2018〕103 号

有效期至：　2019 年 12 月 31 日

统一社会信用代码：□□□□□□□□□□□□□□□□□□（□□）

组织机构代码：□□□□□□□□□（□□）

单位详细名称（盖章）：　　　　　　　　　　2017 年

指标名称	计量单位	代码	指标值
甲	乙	丙	1
一、产品/原料信息	—	—	—
产品一名称	—	01	
产品一产量		02	
产品二名称	—	03	
产品二产量		04	
产品三名称	—	05	
产品三产量		06	
原料一名称	—	07	
原料一用量		08	
原料二名称	—	09	
原料二用量		10	
原料三名称	—	11	
原料三用量		12	
二、厂内移动源信息	—	—	—
挖掘机保有量	台	13	
推土机保有量	台	14	
装载机保有量	台	15	
柴油叉车保有量	台	16	
其他柴油机械保有量	台	17	
柴油消耗量	吨	18	
三、治理设施及污染物产生排放情况	—	—	—
脱硫设施数	套	19	
脱硝设施数	套	20	
除尘设施数	套	21	
挥发性有机物处理设施数	套	22	
氨治理设施数	套	23	
工业废气排放量	万立方米	24	
二氧化硫产生量	吨	25	
二氧化硫排放量	吨	26	

指标名称	计量单位	代码	指标值
甲	乙	丙	1
氮氧化物产生量	吨	27	
氮氧化物排放量	吨	28	
颗粒物产生量	吨	29	
颗粒物排放量	吨	30	
挥发性有机物产生量	千克	31	
挥发性有机物排放量	千克	32	
氨产生量	吨	33	
氨排放量	吨	34	
废气砷产生量	千克	35	
废气砷排放量	千克	36	
废气铅产生量	千克	37	
废气铅排放量	千克	38	
废气镉产生量	千克	39	
废气镉排放量	千克	40	
废气铬产生量	千克	41	
废气铬排放量	千克	42	
废气汞产生量	千克	43	
废气汞排放量	千克	44	

单位负责人：　　　　　统计负责人（审核人）：　　填表人：　　　报出日期：20　年　月　日

《工业企业其他废气治理与排放情况》（G103-13 表）主要指标解释如下：

有 G103-1 表至 G103-12 表以外其他废气的，填报本表。

产品名称　指该表中产生废气及废气污染物涉及的产品名称，最多填 3 项主要产品。

原料名称　指该表中产生废气及废气污染物涉及的原料名称，最多填 3 项主要原料。原料名称根据生态环境部第二次全国污染源普查工作办公室提供的工业行业污染核算用主要产品、原料、生产工艺分类目录填报。

厂内移动源　指厂内自用，未在公安交通管理部门登记的机动车和移动机械。

保有量　指相同类型的厂内移动车辆的保有数量。

废气治理设施数　指调查年度普查对象用于减少排向大气的污染物或对污染物加以回收利用的废气治理设施总数，包括脱硫、脱硝、除尘、去除挥发性有机物、去除氨的废气治理设施。已报废的设施不统计在内，备用纳入统计并计数。

工业废气排放量　指排入空气中含有污染物的气体总量，以标态体积计。

第6章

废水指标体系设计

6.1 废水指标体系设计思路

工业废水污染源具有污染物产生、治理、排放流程差异小，排放形式行业差异不明显，排放较为集中，排放口数量相对较少的特点，因此在工业污染源废水普查表设计时，考虑不区分工业行业，同时，为了提高普查的精准度，按废水排放口开展调查，以期获得更加精准的污染源特征。

按照"体现过程"的总体设计思路，对废水的产生、治理、排放的全过程进行调查（图 6-1）。废水报表指标体系由废水污染物的产生、治理、排放 3 个环节的相关内容构成，主要包括用水取水信息、治理设施信息、排放口信息、污染物排放 4 类指标。

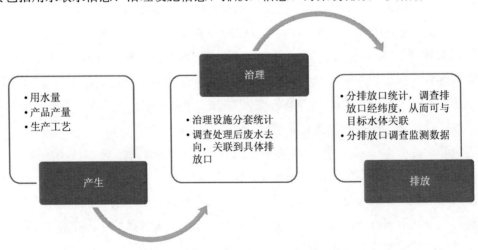

图 6-1　废水指标体系框架设计思路

同时，为体现污染物产排量的核算过程，将主要的核算方法融入表内，主要有监测数据核算过程表和产排污系数核算过程表，普查对象需将核算所用的参数全部填入核算表，可通过自动核算获取普查对象的污染物产排量指标。这样便于提高数据填报过程规范性控制，有利于提升数据质量。

废水普查报表共计 3 张，适用于所有有废水产生的工业企业，分别为工业企业废水治理与排放情况普查表（G102 表）、工业企业污染物产排污系数核算信息普查表（G106-1 表）、工业企业废水监测数据表（G106-2 表）。其中，工业企业污染物产排污系数核算信息表（G106-1 表）与废气污染物核算共用一张表。

6.2 废水普查表设计

6.2.1 废水治理与排放情况普查表

工业企业废水治理与排放情况普查表（G102-1 表）调查普查对象的废水产生、治理、排放情况。

废水的产生情况通过调查取水量和来源，以及在对废水及各项污染物产生量的测算过程中体现。取水量指标不仅能反映企业的取水、用水总体情况，还能对废水排放情况进行校核。对于废水及各项水污染物产生量，通过填报废水监测数据普查表及产排污系数核算信息普查表进行核算。

废水的治理情况以治理设施为单元逐套进行调查。一家工业企业一般有一套或多套废水治理设施，以一个废水治理系统为单位统计治理设施套数。为便于系统汇总，对每套废水治理设施进行编号。废水治理设施的调查内容包括治理废水类型、设计处理能力、处理方法类型、年运行小时、年实际处理水量、处理后废水去向和加盖密闭情况等。其中废水类型、处理方法类型系统给出字典项，普查对象在数据管理系统下拉菜单中选择填报；其他指标根据实际情况填报。考虑废水经治理设施处理后有排入厂内其他废水处理设施、经排放口排出厂区、回用等多个去向，设计"废水去向"指标，调查处理后废水的去向，如进入其他治理设施或回用，则不用填报排放信息，如经排放口排出厂区则关联至排放口，调查废水排放情况。考虑部分特定行业在处理含挥发性有机物（VOCs）废水过程中 VOCs 的逸散排放的情况，设计对部分特定行业企业填报废水治理设施"加盖密闭情况"指标，并根据实际情况选择加盖密闭的类型，加盖密闭情况给出字典项，主要分为无密闭、隔油段密闭、气浮段密闭、生化处理段密闭等，根据实际情况选择，部分可以多选，该指标可支撑后续核算企业废水集输、储运、处置过程中 VOCs 的排放。

废水排放情况以排放口为单元调查。排污许可管理中将废水排放口分为主要排放口和一般排放口，主要排放口许可排放浓度和排放量，一般排放口原则上不许可排放量。根据污染源普查全面核算污染物排放量的要求，普查表在设计上不对废水排放口做主要排放口和一般排放口区分，所有废水外排的企业均调查排放口基本信息、废水排放去向、废水排放量、污染物产生和排放量。其中排放口基本信息包括排放口数量、单个排放口的经纬度，调查经纬度以对排放口进行准确定位；废水排放去向是指工业企业产生的废水直接排向江、河、湖、海等环境水体，还是排入市政管网、污水处理厂等，排放去向给出字典项，普查对象在数据管理系统下拉菜单中选择填表，排入污水处理厂或企业的进一步填报排入的污水处理厂或企业名称，进一步建立工业企业与废水处理单元的对应关系，进一步获得更精准的废水流向信息，也能对后期数据审核对比提供基础信息；废水排放量及污染物产生和排放量通过调查监测数据或与产排污系数相关的指标进行核算。

同时，在调查指标的设计上考虑了相互之间的关联性，通过调查处理后废水流向，与具体排放口关联；通过调查排水去向，与接受废水的主体关联；通过调查排放口经纬度信息，与受纳水体关联。

废水治理与排放情况普查表及指标见 G102 表。

工业企业废水治理与排放情况

表　　号：　　　　G102 表
制定机关：　国务院第二次全国污染源
　　　　　　　普查领导小组办公室
批准机关：　　　　国家统计局
批准文号：国统制〔2018〕103 号

统一社会信用代码：□□□□□□□□□□□□□□□□□□（□□）
组织机构代码：□□□□□□□□（□□）
单位详细名称（盖章）：　　　　　　　　　　　2017 年　　有效期至：　　2019 年 12 月 31 日

指标名称	计量单位	代码	指标值	
甲	乙	丙	1	
一、取水情况	—	—	—	
取水量	立方米	01		
其中：城市自来水	立方米	02		
自备水	立方米	03		
水利工程供水	立方米	04		
其他工业企业供水	立方米	05		
二、废水治理设施情况	—	—	—	
废水治理设施数	套	06		
废水治理设施	—	—	废水治理设施 1	……
废水类型名称/代码	—	07		
设计处理能力	立方米/日	08		
处理方法名称/代码	—	09		
年运行小时	小时	10		
年实际处理水量	立方米	11		
其中：处理其他单位水量	立方米	12		
加盖密闭情况	—	13		
处理后废水去向	—	14		

三、废水排放情况	—	—	—	
废水总排放口数	个	15		
废水总排放口	—	—	废水总排放口 1	……
废水总排放口编号	—	16		
废水总排放口名称	—	17		
废水总排放口类型	—	18		
排水去向类型	—	19		
排入污水处理厂/企业名称	—	20		
排放口地理坐标	—	21	经度：___度___分___秒 纬度：___度___分___秒	经度：___度___分___秒 纬度：___度___分___秒
废水排放量	立方米	22		
化学需氧量产生量	吨	23		
化学需氧量排放量	吨	24		
氨氮产生量	吨	25		
氨氮排放量	吨	26		
总氮产生量	吨	27		
总氮排放量	吨	28		
总磷产生量	吨	29		
总磷排放量	吨	30		
石油类产生量	吨	31		
石油类排放量	吨	32		
挥发酚产生量	千克	33		
挥发酚排放量	千克	34		
氰化物产生量	千克	35		
氰化物排放量	千克	36		
总砷产生量	千克	37		
总砷排放量	千克	38		
总铅产生量	千克	39		
总铅排放量	千克	40		
总镉产生量	千克	41		
总镉排放量	千克	42		
总铬产生量	千克	43		
总铬排放量	千克	44		
六价铬产生量	千克	45		
六价铬排放量	千克	46		
总汞产生量	千克	47		
总汞排放量	千克	48		

《工业企业废水治理与排放情况》（G102 表）主要指标解释如下：

取水量　指调查年度从各种水源提取的并用于工业生产活动的水量总和。工业生产活动用水主要包括工业生产用水、辅助生产（包括机修、运输、空压站等）用水。厂区附属生活用水（厂内绿化、职工食堂、浴室、保健站、生活区居民家庭用水、企业附属幼儿园、学校、游泳池等的用水量）如果单独计量且生活污水不与工业废水混排的水量不计入取水量。

废水治理设施数　指普查对象内部，用于废水治理、从而降低污染物浓度的治理设施套数。以一股废水的治理系统为一套统计。报废的不统计，备用的纳入统计并计数。附属于设施内的水治理设备和配套设备不单独计算。

只填报企业内部的废水治理设施，工业废水排入的城镇污水处理厂、集中工业废水处理厂不能算作企业的废水治理设施。企业内的废水治理设施包括一、二和三级处理的设施，若企业有 2 个排放口，1 个排放口为一级处理（隔油池、化粪池、沉淀池等），另 1 个排放口为二级处理（如生化处理），则该企业有 2 套废水治理设施；若该企业只有 1 个排放口，经由该排放口的废水先经过一级处理，再经二级（甚至三级）处理后外排，则该企业视为 1 套废水治理设施。即针对同一股废水的所有水治理设备均视为 1 套治理设施，针对分别排放的、不同废水的治理设备可视为多套治理设施。

废水类型名称/代码　指每套废水治理设施处理的废水种类，按不同的生产工序及废水水质分类，如酸碱废水、含重金属的废水等生产工艺废水；不同类型的废水经处理后混排（包括与工业废水混排的厂区生活污水）为综合污水，见表 6-1。

表 6-1　废水类型及代码

代码	废水类型
FSLX01	酸碱废水
FSLX02	含油废水
FSLX03	含硫废水
FSLX04	含氨废水
FSLX05	含氟废水
FSLX06	含磷废水
FSLX07	含酚废水
FSLX08	酚氰废水
FSLX09	有机废水
FSLX10	含重金属废水
FSLX11	含重金属以外第一类污染物废水
FSLX12	含盐废水
FSLX13	含悬浮物废水
FSLX14	综合废水
FSLX15	其他废水

　　处理方法名称/代码　根据废水处理的工艺方法，按表 6-2 的方法和代码填写。有多种处理工艺方法的，每种工艺方法均需填报，按处理工艺方法的先后次序填报。

表 6-2　废水处理方法名称及代码

代码	处理方法名称	代码	处理方法名称	代码	处理方法名称
1000	物理处理法	4000	好氧生物处理法	6000	稳定塘、人工湿地及土地处理法
1100	过滤分离	4100	活性污泥法	6100	稳定塘
1200	膜分离	4110	A/O 工艺	6110	好氧化塘
1300	离心分离	4120	A^2/O 工艺	6120	厌氧塘
1400	沉淀分离	4130	A/O^2 工艺	6130	兼性塘
1500	上浮分离	4140	氧化沟类	6140	曝气塘
1600	蒸发结晶	4150	SBR 类	6200	人工湿地
1700	其他	4160	MBR 类	6300	土地渗滤
2000	化学处理法	4170	AB 法		
2100	中和法	4200	生物膜法		
2200	化学沉淀法	4210	生物滤池		
2300	氧化还原法	4220	生物转盘		
2400	电解法	4230	生物接触氧化法		
2500	其他	5000	厌氧生物处理法		
3000	物理化学处理法	5100	厌氧水解类		
3100	化学混凝法	5200	定型厌氧反应器类		
3200	吸附	5300	厌氧生物滤池		
3300	离子交换	5400	其他		
3400	电渗析				
3500	其他				

　　加盖密闭情况　仅限行业类别代码为 2511、2519、2521、2522、2523、2614、2619、2621、2631、2652、2653、2710 的行业填报；加盖密闭情况包括：①无密闭；②隔油段密闭；③气浮段密闭；④生化处理段密闭，其中选择②、③、④的可多选。

　　处理后废水去向　指废水经处理设施处理后的去向，包括：①本厂回用；②经排放口排出厂区；③其他。其中经排放口排出厂区的，应填写对应的废水总排放口编号。

　　废水总排放口类型　①工业废水或综合废水排放口；②单独排放的生活污水；③间接冷却水排放口。

　　废水排放量　指调查年度排到企业外部的工业废水量。包括生产废水、外排的直接冷却水、废气治理设施废水、超标排放的矿井地下水和与工业废水混排的厂区生活污水，不包括独立外排的间接冷却水（清浊不分流的间接冷却水应计算在内）。按厂界排放口分别填报。

直接冷却水：在工业生产过程中，为满足工艺过程需要，使产品或半成品冷却所用与之直接接触的冷却水（包括调温、调湿使用的直流喷雾水）。

间接冷却水：在工业生产过程中，为保证生产设备能在正常温度下工作，用来吸收或转移生产设备的多余热量，所使用的冷却水（此冷却用水与被冷却介质之间由热交换器壁或设备隔开）。

废水污染物排放量 工业污染源废水污染物排放量为最终排入外环境的量。排水去向类型为城镇污水处理厂、进入其他单位和工业废水集中处理厂的调查单位，其废水污染物排放量为经污水处理厂（或其他单位）处理后最终排入外环境的排放量。

对于化学需氧量、氨氮、总氮、总磷、石油类、挥发酚、氰化物等污染物，其废水污染物排放量可通过工业企业的废水排放量与污水处理厂（或其他单位）符合核算要求的平均出口浓度计算得出；若无符合核算要求的污水处理厂（或其他单位）出口浓度监测数据，则根据污水处理厂（或其他单位）的废水处理工艺选择相应污染物排污系数进行核算。

对于重金属污染物指标，排水去向类型为工业废水集中处理厂和进入其他单位的企业，根据接纳其废水的单位废水处理设施是否具有去除重金属的工艺，确定重金属排放量核算方法：若接纳其废水的工业废水集中处理厂（或其他单位）废水处理设施有去除重金属的工艺，则按接纳其废水的工业废水集中处理厂（或其他单位）符合核算要求的出口废水重金属浓度或废水处理工艺核算排放量；若接纳其废水的工业废水集中处理厂（或其他单位）废水处理设施无去除重金属工艺，则不考虑对该企业重金属的去除。排水去向类型为城镇污水处理厂的企业，不考虑城镇污水处理厂对其重金属的去除。不考虑工业废水集中处理厂、城镇污水处理厂、其他单位对重金属去除的，按照下述方法进行核算。

废水排放去向为直接进入海域，直接进入江河湖、库等水环境，进入城市下水道（再入江河、湖、库），进入城市下水道（再入沿海海域），直接进入污灌农田，进入地渗或蒸发地、其他等几种类型的，根据化学需氧量、氨氮、总氮、总磷、石油类、挥发酚、氰化物等污染物根据废水总排放口符合核算要求的出口浓度监测数据或排污系数进行核算；砷、铅、镉、总铬、六价铬、汞等污染物根据符合核算要求的出口浓度监测数据或排污系数核算排放量，其中根据出口监测数据核算排放量的，根据生产车间或生产车间治理设施出口浓度监测数据核算排放量。

表中各种污染物的产生量和排放量按废水实际含有的污染物种类填报，确定不存在的可不填报。

6.2.2 废水污染物核算过程普查表

工业废水排放量、废水污染物产生和排放量通过废水污染物核算过程表得到，核算过程表的设计与废水污染物的核算方法相衔接。工业废水污染物可以采用监测数据表和产排污系数法（物料衡算法）。因此，设计废水污染物核算过程普查表共 2 张，分别为工业企业产排污系数核算信息表（G106-1 表）和工业废水监测数据表（G106-2 表）。其中，工业企业产排污系数核算信息表是废水、废气污染物核算共用表。无论是采用产排污系数法，还是采用监测数据法，废水污染物的核算均以排放口为单位，核算的数据与对应的排放口关联。

废水污染物产排污系数核算信息表（G106-1 表）以排放口为单位。由于污染物产排污系数与原料种类、产品种类、生产工艺类型、生产规模等有关，因此在污染物产排污系数核算信息报表中对原料名称、产品名称、生产工艺名称、生产规模等进行调查，以确定相应的产排系数，结合调查的产品产量、原料用量等，计算确定污染物的产生量；再通过调查污染物处理工艺、污染治理设施运行参数，确定污染治理设施的投运率，进而确定污染物的实际去除效率，最终确定污染物排放量。

由于普查中污染物产生、排放的核算过程，可能是独立生产工序（或工段）生产中间产品的污染物产生、排放量，也可能是整个企业生产线上生产最终产品的污染物产生、排放量，因此，在产排污系数核算信息表中设计"核算环节"指标，对应废水污染物产生、排放的工序，以确定产、排污系数。同时，明确排放口与核算环节的关系，产排污系数核算表以排放口为统计单位，每个排放口设计填报一张核算表，同一排放口设计可以包括多个核算环节，即满足多个生产工序（或工段）、通过同一排放口排放的核算需要。

工业废水监测数据表（G106-2 表）同样以排放口为单位，调查对应排放口的进出口水量、各项废水污染物进出口浓度，根据废水污染物产排污量的计算公式，确定废水污染物产生量和排放量。

废水污染物核算过程普查表及指标见 G106-1 表和 G106-2 表。

工业企业污染物产排污系数核算信息

表　　号：　　　　　　　　G106-1 表
制定机关：国务院第二次全国污染源
普查领导小组办公室
统一社会信用代码：□□□□□□□□□□□□□□□□□□（□□）　批准机关：　　　　　国家统计局
组织机构代码：□□□□□□□□-□（□□）　　　　　批准文号：国统制〔2018〕103 号
单位详细名称（盖章）：　　　　　　　　2017 年　有效期至：　　2019 年 12 月 31 日

指标名称	代码	核算环节 1	核算环节 2	核算环节 3	……
甲	乙	1	2	3	……
对应的普查表号	01				
对应的排放口名称/编号	02				
核算环节名称	03				
原料名称	04				
产品名称	05				

指标名称	代码	核算环节 1	核算环节 2	核算环节 3	……
甲	乙	1	2	3	……
工艺名称	06				
生产规模等级	07				
生产规模的计量单位	08				
产品产量	09				
产品产量的计量单位	10				
原料/燃料用量	11				
原料/燃料用量的计量单位	12				
污染物名称	13				
污染物产污系数及计量单位	14				
污染物产污系数中参数取值	15				
污染物产生量及计量单位	16				
污染物处理工艺名称	17				
污染物去除效率/排污系数及计量单位	18				
污染治理设施实际运行参数一名称	19				
污染治理设施实际运行参数一数值	20				
污染治理设施实际运行参数一计量单位	21				
污染治理设施实际运行参数二名称	22				
污染治理设施实际运行参数二数值	23				
污染治理设施实际运行参数二计量单位	24				
污染治理设施实际运行参数三名称	25				
污染治理设施实际运行参数三数值	26				
污染治理设施实际运行参数三计量单位	27				
污染物排放量	28				
污染物排放量计量单位	29				
排污许可证执行报告排放量	30				

《工业企业污染物产排污系数核算信息表》（废水核算）（G106-1 表）主要指标解释如下：

核算环节名称　涉及污染物产生、治理、排放，需单独核算污染物产生量或排放量的一个生产工序、设备或生产单元的名称。

对应的普查表号　指该核算环节核算的污染物，及其相应信息对应普查报表目录中的表号。废水污染物核算时，对应的普查表均为 G102 表。

对应的排放口名称/编号　指该核算环节对应的普查表中，若区分具体排放口的，则填报对应排放口的名称和编号。

产品名称、原料名称等指标　按照《第二次全国污染源普查产排污系数手册（工业污染源）》工业行业污染核算用主要产品、原料、生产工艺分类目录选择填报。

排污许可证执行报告排放量　指经管理部门认可的 2017 年排污许可证执行报告中年度排放量数据。

工业企业废水监测数据

表　号： G106-2 表
制定机关： 国务院第二次全国污染源
普查领导小组办公室
批准机关： 国家统计局
批准文号： 国统制〔2018〕103 号
有效期至： 2019 年 12 月 31 日

统一社会信用代码：□□□□□□□□□□□□□□□□□□（□□）
组织机构代码：□□□□□□□□（□□）
单位详细名称（盖章）：　　　　　　　　　2017 年

指标名称	计量单位	代码	指标值	监测方式
甲	乙	丙	1	2
对应的普查表号	—	01		—
对应的排放口名称/编号	—	02		—
进口水量	立方米	03		—
出口水量	立方米	04		—
经总排放口排放的水量	立方米	05		
化学需氧量进口浓度	毫克/升	06		□
化学需氧量出口浓度	毫克/升	07		□
氨氮进口浓度	毫克/升	08		□
氨氮出口浓度	毫克/升	09		□
总氮进口浓度	毫克/升	10		□
总氮出口浓度	毫克/升	11		□
总磷进口浓度	毫克/升	12		□
总磷出口浓度	毫克/升	13		□
石油类进口浓度	毫克/升	14		□
石油类出口浓度	毫克/升	15		□
挥发酚进口浓度	毫克/升	16		□
挥发酚出口浓度	毫克/升	17		□
氰化物进口浓度	毫克/升	18		□
氰化物出口浓度	毫克/升	19		□
总砷进口浓度	毫克/升	20		□
总砷出口浓度	毫克/升	21		□
总铅进口浓度	毫克/升	22		□
总铅出口浓度	毫克/升	23		□
总镉进口浓度	毫克/升	24		□
总镉出口浓度	毫克/升	25		□
总铬进口浓度	毫克/升	26		□
总铬出口浓度	毫克/升	27		□
六价铬进口浓度	毫克/升	28		□
六价铬出口浓度	毫克/升	29		□
总汞进口浓度	毫克/升	30		□
总汞出口浓度	毫克/升	31		□

第 7 章

固体废物指标体系设计

7.1 固体废物指标体系设计思路

鉴于固体废物排放行业、种类差异小，固体废物普查表不区分行业，在设计上沿用"十三五"环境统计报表制度指标体系，按照不同种类的固体废物，分别对固体废物的产生、综合利用、处置、贮存等全过程逐个阶段进行调查，见图 7-1。同时，对企业内部自用的一般工业固体废物贮存处置场所、综合利用设施以及危险废物内部填埋处置、焚烧处置等处置利用情况进行调查。

固体废物普查报表共 2 张，适用于所有涉及表中工业固体废物产生、贮存、处置和综合利用情况的工业企业，分别为工业企业一般工业固体废物产生与处理利用信息表（G104-1 表）、工业企业危险废物产生与处理利用信息表（G104-2 表）。

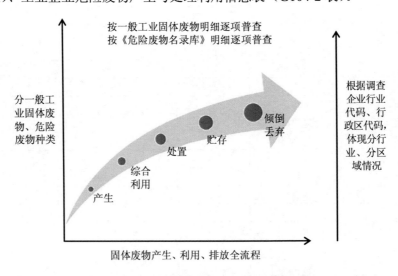

图 7-1 固体废物指标体系框架设计思路

7.2　固体废物普查表设计

按废物性质，工业固体废物分为一般工业固体废物和危险废物。

一般工业固体废物是指未被列入《国家危险废物名录》（普查时有效版本为 2016 版）或者根据国家规定的危险废物鉴别标准（GB 5085）、固体废物浸出毒性浸出方法（GB 5086）及固体废物浸出毒性测定方法（GB/T 15555）鉴别方法判定不具有危险特性的工业固体废物，根据其性质分为第 I 类一般工业固体废物和第 II 类一般工业固体废物两种。危险废物是指列入《国家危险废物名录》或者根据国家规定的危险废物鉴别标准和鉴别方法认定的，具有爆炸性、易燃性、易氧化性、毒性、腐蚀性、易传染性疾病等危险特性之一的废物（医疗废物属于危险废物）。

7.2.1　一般工业固体废物普查表

根据一般工业固体废物和工业危险废物的定义和区分，结合"十三五"环境统计中对一般工业固废的多年统计基础，延续对一般工业固废的主要种类进行分类调查。根据以往生态环境统计主要结果，一般工业固废中冶炼废渣、粉煤灰、炉渣、煤矸石、尾矿、脱硫石膏、污泥、赤泥、磷石膏等是工业废物产生的主要类别。因此，一般工业固废名称按照以上类别和"其他废物"给出字典项，普查对象根据实际产生情况在普查数据系统里选择填报。

按照工业固体废物种类，分别设计填报每一种固体废物的产生量、综合利用量、处置量、贮存量和倾倒丢弃量指标。其中，对综合利用、处置情况进一步精细统计自行综合利用或自行处置的情况，以及对往年贮存的一般工业固体废物综合利用或处置的情况，为后续数据精准分析、应用提供支撑。

除对工业固体废物的全流程普查，还对普查对象内部的固体废物贮存处置情况、综合利用情况进行调查，主要包括处置或利用设施的位置（经纬度）、处置/利用能力、处置/利用方式、实际处置/利用量等。另外，为了加强对尾矿库等重点固体废物处置场所的强化管理、摸清基础数据，对普查对象所属尾矿库补充调查尾矿库环境风险及划定情况。

一般工业固体废物产生与处理利用情况普查表及指标见 G104-1 表。

工业企业一般工业固体废物产生与处理利用信息

表　号：　　　　　G104-1 表

制定机关：　国务院第二次全国污染源

普查领导小组办公室

批准机关：　　　　　国家统计局

批准文号：　国统制〔2018〕103 号

有效期至：　　2019 年 12 月 31 日

统一社会信用代码：□□□□□□□□□□□□□□□□□□（□□）

组织机构代码：□□□□□□□□（□□）

单位详细名称（盖章）：　　　　　　　　　　　　　　2017 年

指标名称	计量单位	代码	指标值	
			固体废物 1	固体废物 2
甲	乙	丙	1	2
一般工业固体废物名称	—	01		
一般工业固体废物代码	—	02		
一般工业固体废物产生量	吨	03		
一般工业固体废物综合利用量	吨	04		
其中：自行综合利用量	吨	05		
其中：综合利用往年贮存量	吨	06		
一般工业固体废物处置量	吨	07		
其中：自行处置量	吨	08		
其中：处置往年贮存量	吨	09		
一般工业固体废物贮存量	吨	10		
一般工业固体废物倾倒丢弃量	吨	11		
一般工业固体废物贮存处置场情况				
一般工业固体废物贮存处置场类型	—	12	□　1 灰场　2 渣场　3 矸石场　4 尾矿库　5 其他	
贮存处置场详细地址	—	13	县（区、市、旗）　　　　乡（镇）　　　街（村）、门牌号	
贮存处置场地理坐标	—	14	经度：＿度＿分＿秒　纬度：＿度＿分＿秒	
处置场设计容量	立方米	15		
处置场已填容量	立方米	16		
处置场设计处置能力	吨/年	17		
尾矿库环境风险等级（仅尾矿库填报）	—	18		
尾矿库环境风险等级划定年份	—	19	□□□□年	
一般工业固体废物综合利用设施情况				
综合利用方式	—	20	□　1 金属材料回收　　2 非金属材料回收　　3 能量回收　　　　4 其他方式	
综合利用能力	吨	21		
本年实际综合利用量	吨	22		

《工业企业一般工业固体废物产生与处理利用信息》（G104-1 表）主要指标解释如下：

一般工业固体废物　指在工业生产活动中产生的除危险废物以外的丧失原有利用价值或者虽未丧失利用价值但被抛弃或者放弃的、固态、半固态和置于容器中的气态的物品、物质以及法律、行政法规规定纳入固体废物管理的物品、物质。

一般工业固体废物根据其性质分为以下两种：

（1）第Ⅰ类一般工业固体废物。按照固体废物鉴别标准及技术规范进行浸出试验而获得的浸出液中，任何一种污染物的浓度均未超过 GB 8978 最高允放排放浓度，且 pH 为 6～9 的一般工业固体废物；

（2）第Ⅱ类一般工业固体废物。按照固体废物鉴别标准及技术规范进行浸出试验而获得的浸出液中，有一种或一种以上的污染物浓度超过 GB 8978 最高允许排放浓度，或者是 pH 为 6～9 之外的一般工业固体废物。

一般工业固体废物名称、代码　按表 7-1 填报一般工业固体废物所对应的名称及代码。

表 7-1　一般工业固体废物名称及代码

代码	名称	代码	名称
SW01	冶炼废渣	SW06	脱硫石膏
SW02	粉煤灰	SW07	污泥
SW03	炉渣	SW09	赤泥
SW04	煤矸石	SW10	磷石膏
SW05	尾矿	SW99	其他废物

一般工业固体废物综合利用量　指通过回收、加工、循环、交换等方式，从固体废物中提取或者使其转化为可以利用的资源、能源和其他原材料的固体废物量（包括当年利用的往年工业固体废物累计贮存量），如用作农业肥料、生产建筑材料、筑路等，包括本单位综合利用或委托给外单位综合利用的量。

自行综合利用量　指普查对象在普查年度利用自建综合利用设施或生产工艺自行综合利用一般工业固体废物的量。

综合利用往年贮存量　指普查对象在普查年度对往年贮存的工业固体废物进行综合利用的量。原则上，普查对象实际综合利用、处置量之和超过产生量时，方考虑综合利用、处置往年贮存量。

一般工业固体废物处置量　指将工业固体废物焚烧和用其他改变工业固体废物的物理、化学、生物特性的方法，达到减少或者消除其危险成分的活动，或者将工业固体废物最终置于符合环境保护规定要求的填埋场的活动中，所消纳固体废物的量（包括当年处置的往年工业固体废物累计贮存量），包括本单位处置或委托给外单位处置的量。

自行处置量　指普查对象在普查年度利用自建贮存处置设施（或场所）自行处置一般工业固体废物的量。

处置往年贮存量　指普查对象在普查年度对往年贮存的工业固体废物进行处置的量。原则上，综合利用、处置量之和超过产生量时，方考虑综合利用、处置往年贮存量。

一般工业固体废物贮存量　指截至 2017 年年末，普查对象以综合利用或处置为目的，将固体废物暂时贮存或堆存在专设的贮存设施或专设的集中堆存场所内的量。粉煤灰、钢渣、煤矸石、尾矿等的贮存量是指排入灰场、渣场、矸石场、尾矿库等贮存的量。专设的固体废物贮存场所或贮存设施指符合环保要求的贮存场，即选址、设计、建设符合《一般工业固体废物贮存、处置场污染控制标准》（GB 18599—2001）等相关环保法律法规要求，具有防扩散、防流失、防渗漏、防止污染大气和水体措施的场所和设施。

一般工业固体废物倾倒丢弃量　指将所产生的固体废物倾倒或者丢弃到固体废物污染防治设施、场所以外的量。

一般工业固体废物贮存处置场　指将一般工业固体废物置于符合《一般工业固体废物贮存、处置场污染控制标准》（GB 18599—2001）标准规定的永久性的集中堆放场所。例如，用于接纳粉煤灰、钢渣、煤矸石、尾矿等固体废物的灰场、渣场、矸石场、尾矿库等。

尾矿库环境风险等级及划定年份　企业自行或者委托相关技术机构按照《尾矿库环境风险评估技术导则（试行）》（HJ 740—2015）划定的尾矿库环境风险等级。

综合利用方式　填写：①金属材料回收；②非金属材料回收；③能量回收；④其他方式。

7.2.2　工业危险废物普查表

普查的危险废物种类范围为《国家危险废物名录》（2016 版）中所列种类，普查对象根据实际产生情况在普查数据系统中选择危险废物名称和代码的字典项填表。

结合危险废物转移管理、需持证处置等精细化管理、全过程监管的要求，危险废物调查内容包括危险废物的往年贮存情况、接收情况、送持证单位情况、以及普查对象内部对危险废物的利用、处置、贮存情况等。

此外，还对普查对象内部的危险废物填报处置、焚烧处置及其他利用/处置情况进行调查，主要包括填埋处置、焚烧处置设施的位置（经纬度）、设施处置能力、实际处置量等。

危险废物产生与处理利用信息普查表及指标见 G104-2 表。

工业企业危险废物产生与处理利用信息

表　　号：　　　　G104-2 表
制定机关：　国务院第二次全国污染源
　　　　　　　普查领导小组办公室
批准机关：　　　　国家统计局
批准文号：　国统制〔2018〕103 号
有效期至：　2019 年 12 月 31 日

统一社会信用代码：□□□□□□□□□□□□□□□□□□（□□）
组织机构代码：□□□□□□□□（□□）
单位详细名称（盖章）：　　　　　　　　　　　2017 年

指标名称	计量单位	代码	指标值	
			危险废物 1	危险废物 2
甲	乙	丙	1	2
危险废物名称	—	01		
危险废物代码		02		
上年末本单位实际贮存量	吨	03		
危险废物产生量	吨	04		
送持证单位量	吨	05		
接收外来危险废物量	吨	06		
自行综合利用量	吨	07		
自行处置量	吨	08		
本年末本单位实际贮存量	吨	09		
综合利用处置往年贮存量	吨	10		
危险废物倾倒丢弃量	吨	11		
危险废物自行填埋处置情况				
填埋场详细地址	—	12	_____县（区、市、旗）_____乡（镇）_____街（村）、门牌号	
填埋场地理坐标	—	13	经度：____度____分____秒 纬度：____度____分____秒	
设计容量	立方米	14		
已填容量	立方米	15		
设计处置能力	吨/年	16		
本年实际填埋处置量	吨	17		
危险废物自行焚烧处置情况				
焚烧装置的具体位置	—	18	_____县（区、市、旗）_____乡（镇）_____街（村）、门牌号	
焚烧装置的地理坐标	—	19	经度：____度____分____秒 纬度：____度____分____秒	
设施数量	台	20		
设计焚烧处置能力	吨/年	21		
本年实际焚烧处置量	吨	22		
危险废物综合利用/处置情况（自行填埋、焚烧处置的除外）				
危险废物自行综合利用/处置方式	—	23		
危险废物自行综合利用/处置能力	吨/年	24		
本年实际综合利用/处置量	吨	25		

《工业企业危险废物产生与处理利用信息》（G104-2 表）主要指标解释如下：

上年末本单位实际贮存量　指截至 2016 年年末，本单位实际贮存的危险废物的量。

危险废物产生量　指实际产生的危险废物的量。包括利用处置危险废物过程中二次产生的危险废物的量。

送持证单位量　指将所产生的危险废物运往持有危险废物经营许可证的单位综合利用、进行处置或贮存的量。危险废物经营许可证根据《危险废物经营许可证管理办法》由相应管理部门审批颁发。

接收外来危险废物量　指持有危险废物经营许可证的工业企业（不含危险废物集中式污染治理设施），2017 年度接收的来自外单位的危险废物的量。

自行综合利用量　指从危险废物中提取物质作为原材料或者燃料的活动中消纳危险废物的量，包括本单位自行综合利用的本单位产生的和接收外单位的危险废物的量。

自行处置量　指将危险废物焚烧和用其他改变工业固体废物的物理、化学、生物特性的方法，达到减少或者消除其危险成分的活动，或者将危险废物最终置于符合环境保护规定要求的填埋场的活动中，所消纳危险废物的量，包括本单位自行处置的本单位产生的和接收外单位的危险废物的量。

本年末本单位实际贮存量　指截至 2017 年年末，普查对象将危险废物以一定包装方式暂时存放在专设的贮存设施内的量。专设的贮存设施应符合《危险废物贮存污染控制标准》（GB 18597—2001）等相关环保法律法规要求，具有防扩散、防流失、防渗漏、防止污染大气和水体措施的设施。包括本单位自行贮存的本单位产生的和接收外单位的危险废物的量。

危险废物倾倒丢弃量　指本单位危险废物未按规定要求综合利用、处置、贮存的量，包括本单位产生的和接受外来的危险废物的量，不包括送持证单位的危险废物的量。

危险废物自行综合利用/处置方式　指普查对象本单位综合利用或处置危险废物的方式，按表 7-2 选择填报代码。

表 7-2　危险废物的利用/处置方式

代码	说明
	危险废物（不含医疗废物）利用方式
R1	作为燃料（直接燃烧除外）或以其他方式产生能量
R2	溶剂回收/再生（如蒸馏、萃取等）
R3	再循环/再利用不是用作溶剂的有机物
R4	再循环/再利用金属和金属化合物
R5	再循环/再利用其他无机物

代码	说明
R6	再生酸或碱
R7	回收污染减除剂的组分
R8	回收催化剂组分
R9	废油再提炼或其他废油的再利用
R15	其他
危险废物（不含医疗废物）处置方式	
D1	填埋
D9	物理化学处理（如蒸发、干燥、中和、沉淀等），不包括填埋或焚烧前的预处理
D10	焚烧
D16	其他
C1	水泥窑协同处置
其他方式	
C2	生产建筑材料
C3	清洗（包装容器）
医疗废物处置方式	
Y10	医疗废物焚烧
Y11	医疗废物高温蒸汽处理
Y12	医疗废物化学消毒处理
Y13	医疗废物微波消毒处理
Y16	医疗废物其他处置方式

第 8 章

其他指标设计思路

8.1 产品、生产工艺、原辅/燃料

污染物的产排污情况与产品产量、生产工艺、原辅料、燃料等密切相关，而且用于核算污染物产排量的产排污系数也需要根据上述参数确定，因此在报表中调查相关指标。

产品信息包括产品名称、生产能力、实际产量等内容。企业基本信息表调查企业整体产品信息；污染物产生情况与产品相关的工序，如生产工艺废气、窑炉废气等，在对应的废气通用报表或重点行业专表中调查各工序相应的产品信息。

使用不同的原辅料、燃料以及不同的生产工艺会导致排污状况有很大差异，如氮肥生产中以天然气、水煤浆、干煤粉等为原料制氨的企业配合先进的清洁生产工艺，其排污状况较好，以无烟煤为原料采用固定床常压煤气化工艺的企业排污状况较为严峻，因此对企业原辅料、燃料使用情况以及采用的生产工艺进行调查。企业基本信息表中调查全厂主要原辅材料、主要燃料消耗、生产工艺情况。由于废气排放按生产线、设备逐个调查，在相应废气通用报表或重点行业专表中按单个生产线、设备为单位调查以上指标。

8.2 环境风险信息

危险化学品具有毒害、腐蚀、爆炸、燃烧、助燃等性质，对人体、设施、环境具有很大的危害性。危险化学品在使用和生产过程中存在重大的环境风险。普查报表的设计侧重体现污染源对环境的风险，调查危险化学品生产和使用情况，为危险化学品的重点监管提供可靠的数据来源。

依据环境保护部《企业突发环境事件风险分级方法》（HJ 941—2018）、《重点环境管理危险化学品名录》中所列危险品名单，调查工业企业生产、使用和储存上述危险品的情况，设计普查表 1 张——工业企业环境风险信息普查表（G105-1）。按照《企业突发环境事

件风险分级方法》（HJ 941—2018）、《重点环境管理危险化学品名录》调查企业生产或使用的环境风险物质名称和 CAS 号，同时调查企业与突发环境事件风险分级相关的生产工艺和环境风险控制水平等相关信息。

工业企业突发环境事件风险信息普查表指标见 G105 表。

工业企业突发环境事件风险信息

<table>
<tr><td colspan="3"></td><td>表　　号：</td><td>G105 表</td></tr>
<tr><td colspan="3"></td><td>制定机关：</td><td>国务院第二次全国污染源
普查领导小组办公室</td></tr>
<tr><td colspan="3">统一社会信用代码：□□□□□□□□□□□□□□□□□□（□□）</td><td>批准机关：</td><td>国家统计局</td></tr>
<tr><td colspan="3">组织机构代码：□□□□□□□□□（□□）</td><td>批准文号：</td><td>国统制〔2018〕103 号</td></tr>
<tr><td colspan="3">单位详细名称（盖章）：　　　　　　2017 年</td><td>有效期至：</td><td>2019 年 12 月 31 日</td></tr>
</table>

指标名称	计量单位	代码	指标值	
甲	乙	丙	风险物质 1	风险物质 2
一、突发环境事件风险物质信息	—	—		
风险物质名称	—	01		
CAS 号	—	02		
活动类型	—	03		
存在量	吨	04		
二、突发环境事件风险生产工艺信息	—	—	风险工艺/设备类型 1	风险工艺/设备类型 2
工艺类型名称		05		
套数	套	06		
三、环境风险防控措施信息	—	—	—	
毒性气体泄漏监控预警措施	—	07	□ 1 不涉及有毒有害气体的 2 具备有毒有害气体厂界泄漏监控预警系统 3 不具备有毒有害气体厂界泄漏监控预警系统	
截流措施情况	—	08	□ 1 满足：（1）环境风险单元设防渗漏、防腐蚀、防淋溶、防流失措施；且（2）装置围堰与罐区防火堤（围堰）外设排水切换阀，正常情况下通向雨水系统的阀门关闭，通向事故存液池、应急事故水池、清净废水排放缓冲池或污水处理系统的阀门打开；且（3）前述措施日常管理及维护良好，有专人负责阀门切换或设置自动切换设施，保证初期雨水、泄漏物和受污染的消防水排入污水系统 2 有任意一个环境风险单元的截流措施不符合上述任意一条要求的	

指标名称	计量单位	代码	指标值	
甲	乙	丙	风险物质1	风险物质2
事故废水收集措施	—	09	☐ 1 按相关设计规范设置应急事故水池、事故存液池或清净废水排放缓冲池等事故排水收集设施，并根据相关设计规范、下游环境风险受体敏感程度和易发生极端天气情况，设计事故排水收集设施的容量；且确保事故排水收集设施在事故状态下能顺利收集泄漏物和消防水，日常保持足够的事故排水缓冲容量；且通过协议单位或自建管线，能将所收集废水送至厂区内污水处理设施处理 2 有任意一个环境风险单元的事故排水收集措施不符合上述任意一条要求	
清净废水系统风险防控措施	—	10	☐ 1 满足：（1）不涉及清净废水；或（2）厂区内清净废水均可排入废水处理系统；或清污分流，且清净废水系统具有下述所有措施：①具有收集受污染的清净废水的缓冲池（或收集池），池内日常保持足够的事故排水缓冲容量；池内设有提升设施或通过自流，能将所收集物送至厂区内污水处理设施处理；且②具有清净废水系统的总排口监视及关闭设施，有专人负责在紧急情况下关闭清净废水总排口，防止受污染的清净废水和泄漏物进入外环境 2 涉及清净废水，有任意一个环境风险单元的清净废水系统风险防控措施不符合上述（2）要求的	
雨水排水系统风险防控措施	—	11	☐ 1（1）厂区内雨水均进入废水处理系统；或雨污分流，且雨水排水系统具有下述所有措施：①具有收集初期雨水的收集池或雨水监控池；池出水管上设置切断阀，正常情况下阀门关闭，防止受污染的雨水外排；池内设有提升设施或通过自流，能将所收集物送至厂区内污水处理设施处理；②具有雨水系统总排口（含泄洪渠）监视及关闭设施，在紧急情况下有专人负责关闭雨水系统总排口（含与清净废水共用一套排水系统情况），防止雨水、消防水和泄漏物进入外环境；（2）如果有排洪沟，排洪沟不得通过生产区和罐区，或具有防止泄漏物和受污染的消防水等流入区域排洪沟的措施 2 不符合上述要求的	

指标名称	计量单位	代码	指标值	
甲	乙	丙	风险物质1	风险物质2
生产废水处理系统风险防控措施	—	12	☐ 1 满足：（1）无生产废水产生或外排；或（2）有废水外排时：①受污染的循环冷却水、雨水、消防水等排入生产废水系统或独立处理系统；②生产废水排放前设监控池，能将不合格废水送至废水处理设施处理；③如企业受污染的清净废水或雨水进入废水处理系统处理，则废水处理系统应设置事故水缓冲设施；④具有生产废水总排口监视及关闭设施，有专人负责启闭，确保泄漏物、受污染的消防水、不合格废水不排出厂外 2 涉及废水外排，且不符合上述（2）中任意一条要求的	
依法获取污水排入排水管网许可	—	13	☐ 1 是	2 否
厂内危险废物环境管理	—	14	☐ 1 不涉及危险废物 2 不具备完善危险废物管理措施	
四、突发环境事件应急预案编制信息	—	—	—	
是否编制突发环境事件应急预案	—	15	☐ 1 是	2 否
是否进行突发环境事件应急预案备案	—	16	☐ 1 是	2 否
突发环境事件应急预案备案编号		17		
企业环境风险等级	—	18		
企业环境风险等级划定年份	—	19	☐☐☐☐年	

《工业企业突发环境事件风险信息》（G105 表）主要指标解释如下：

风险物质名称、CAS 号　为《企业突发环境事件风险分级方法》（HJ 941—2018）中附录 A 突发环境事件风险物质及临界量清单中相应的化学品名称和 CAS 号。普查对象生产原料、产品、中间产品、副产品、催化剂、辅助生产物料、燃料、"三废"污染物等涉及的环境风险物质都应纳入调查。

活动类型　指涉及风险物质的活动方式，可选择：①生产；②使用；③其他。

风险工艺/设备类型及数量　指普查对象是否涉及《企业突发环境事件风险分级方法》（HJ 941—2018）中表 8-1 中的风险工艺/设备类型，以及本厂相应类型工艺/设备本厂总的数量。当年停产但尚有复产能力的，也应计数。

表 8-1　风险工艺/设备类型

类别	风险工艺/设备类型
1	涉及光气及光气化工艺、电解工艺（氯碱）、氯化工艺、硝化工艺、合成氨工艺、裂解（裂化）工艺、氟化工艺、加氢工艺、重氮化工艺、氧化工艺、过氧化工艺、胺基化工艺、磺化工艺、聚合工艺、烷基化工艺、新型煤化工工艺、电石生产工艺、偶氮化工艺
2	其他高温或高压、涉及易燃易爆等物质的工艺过程：高温指工艺温度≥300℃，高压指压力容器的设计压力（p）≥10.0 MPa，易燃易爆等物质是指按照 GB 30000.2～GB 30000.13 所确定的化学物质
3	具有国家规定限期淘汰的工艺名录和设备：《产业结构调整指导目录》中有淘汰期限的淘汰类落后生产工艺装备

存在量　指某风险物质在厂界内的存在量，混合或稀释的风险物质按其组分比例折算成纯物质，如存在量呈动态变化，则按年度内最大存在量计算。

环境风险防控措施信息　指普查对象环境风险防控措施实施情况，具体按照表 8-2 选择符合本企业的情形，填报所对应的指标值。

表 8-2　环境风险防控措施信息

调查指标	指标值	对应情形
毒性气体泄漏监控预警措施	1	不涉及《企业突发环境事件风险分级方法》（HJ 941—2018）中附录 A 中有毒有害气体
	2	具备有毒有害其他厂界泄漏监控预警系统
	3	不具备有毒有害其他厂界泄漏监控预警系统
截流措施	1	环境风险单元设防渗漏、防腐蚀、防淋溶、防流失措施；且装置围堰与罐区防火堤（围堰）外设排水切换阀，正常情况下通向雨水系统的阀门关闭，通向事故存液池、应急事故水池、清净废水排放缓冲池或污水处理系统的阀门打开；且前述措施日常管理及维护良好，有专人负责阀门切换或设置自动切换设施保证初期雨水、泄漏物和受污染的消防水排入污水系统
	2	有任意一个环境风险单元（包括可能发生液体泄漏或产生液体泄漏物的危险废物贮存场所）的截流措施不符合上述任意一条要求的
事故废水收集措施	1	按相关设计规范设置应急事故水池、事故存液池或清净废水排放缓冲池等事故排水收集设施，并根据相关设计规范、下游环境风险受体敏感程度和易发生极端天气情况，设计事故排水收集设施的容量；且确保事故排水收集设施在事故状态下能顺利收集泄漏物和消防水，日常保持足够的事故排水缓冲容量；且通过协议单位或自建管线，能将所收集废水送至厂区内污水处理设施处理
	2	有任意一个环境风险单元（包括可能发生液体泄漏或产生液体泄漏物的危险废物贮存场所）的事故排水收集措施不符合上述任意一条要求的

调查指标	指标值	对应情形
清净废水系统风险防控措施	1	不涉及清净废水
	1	涉及清净废水，厂区内清净废水均可排入废水处理系统，或清污分流，且清净废水系统具有下述所有措施：①具有收集受污染的清净废水的缓冲池（或收集池），池内日常保持足够的事故排水缓冲容量；池内设有提升设施或通过自流，能将所收集物送至厂区内污水处理设施处理；且②具有清净废水系统的总排口监视及关闭设施，有专人负责在紧急情况下关闭清净废水总排口，防止受污染的清净废水和泄漏物进入外环境
	2	涉及清净废水，有任意一个环境风险单元的清净废水系统风险防控措施不符合上述 2 要求的
雨水排水系统风险防控措施	1	厂区内雨水均进入废水处理系统；或雨污分流，且雨水排水系统具有下述所有措施：①具有收集初期雨水的收集池或雨水监控池，池出水管设置切断阀，正常情况下阀门关闭，防止受污染的雨水外排，池内设有提升设施或通过自流能将所收集物送至厂区内污水处理设施处理；②具有雨水系统总排口（含泄洪渠）监视及关闭设施，在紧急情况下有专人负责关闭雨水系统总排口（含与清净废水共用一套排水系统情况）防止雨水、消防水和泄漏物进入外环境，如果有排洪沟，排洪沟不得通过生产区和罐区，或具有防止泄漏物和受污染的消防水等流入区域排洪沟的措施
	2	不符合上述要求的
生产废水处理系统风险防控	1	无生产废水产生或外排
	1	有废水外排时：①受污染的循环冷却水、雨水、消防水等排入生产废水系统或独立处理系统；②生产废水排放前设监控池，能将不合格废水送至废水处理设施处理；③如企业受污染的清净废水或雨水进入废水处理系统处理，则废水处理系统应设置事故水缓冲设施；④具有生产废水总排口监视及关闭设施，有专人负责启闭，确保泄漏物、受污染的消防水、不合格废水不排出厂外
	2	涉及废水外排，且不符合上述②中任意一条要求的
是否依法获取污水排入排水管网许可*	1	是
	2	否
厂内危险废物环境管理	1	不涉及危险废物的；或针对危险废物分区贮存、运输、利用、处置具有完善的专业设施和风险防控措施
	2	不具备完善的危险废物贮存、运输、利用、处置设施和风险防控措施

注：*仅限于排入城镇污水处理厂的企业填报。

企业环境风险等级及划定年份 企业自行或者委托相关技术机构按照《企业突发环境事件风险评估指南》（环办〔2014〕34 号）或者《企业突发环境事件风险分级方法》（HJ 941—2018）划定的环境风险等级。

第9章

污染物核算方法

9.1 设计思路

根据不同工业行业产排污特征不同，建立分行业分类的核算方法，主要采用监测数据法和产排污系数法（物料衡算法）。

对于废水污染物，核算排入环境中的污染物排放量，经本企业处理后又排入城镇污水处理厂或工业集中污水处理厂再次处理的，要扣除污水处理厂对污染物的去除量。对于废气污染物，直接核算各排放口以及无组织的排放量。

工业污染源采取一企一表的方式入户调查，调查企业基本情况、污染治理、排放方式及去向、基础的活动水平数据，据此核算污染物排放量。

对于监测数据的使用，结合环境统计、污染源监测技术规范和管理要求等提出适用条件，对不适宜用监测数据核算排放量的情况进行规定。工业污染源报表排放量核算方法框架见图9-1。

9.2 污染物核算方法

9.2.1 监测数据法

监测数据法是依据实际监测的普查对象产生和外排废水、废气（流）量及其污染物浓度，计算出废气、废水排放量及各种污染物的产生量和排放量。监测数据包括手工监测数据和自动监测数据。其中，手工监测数据包括生态环境部门对该企业进行的监督性监测数据、企业委托监测数据和企业自测数据。所有监测数据须符合普查技术规定的要求才能作为有效数据，应用于普查污染物核算过程中。污染物的排放量计算见式（9-1）。

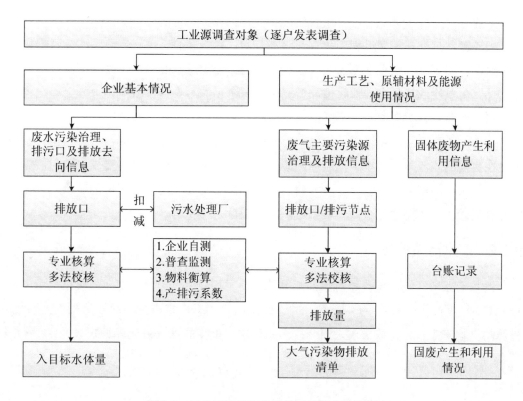

图 9-1 工业污染源报表排放量核算方法框架

$$G= Q×c ×T \qquad (9-1)$$

式中，G——废水或废气中某污染物的排放量，kg；

Q——单位时间废水或废气流量，m^3/h；

c——某污染物的实测质量浓度，mg/L 或 mg/m^3；

T——污染物排放时间，h。

监测数据法的主要特点：

（1）计算过程和参数相对精确，在质量得到保证的前提下，计算数据最为可靠。监测数据出自监测仪器，相对比较精确，用其核算污染物排放量，容易被企业接受。在监测数据质量可以得到保证的前提下，由于有足够的监测频次，自动监测法计算排污总量最为可靠，尤其对于排污不规律的企业更具优势。

（2）监测数据法直接选用废水、废气污染物监测的浓度值及流量进行核算，不受治污设施变化的影响，治污设施的变化直接体现在浓度的变化中，故监测数据法并不依赖治污设施本身来核算污染物产排量，这点也是其他方法所不能比拟的。

（3）可获取信息最直接、全面。监测数据法是计算排污量非常有效的方法，不仅可以计算监测当天的排污量，还可以结合生产负荷数据计算一定时段内的排污量。

但监测数据法在使用过程中也存在许多问题：由于监测工况、监测频次、监测数据代表性对核算结果准确度有很大影响，而受到人力、经济成本的制约，监测频次不可能无限制增加，用单次或某几次的瞬时值，推算污染源全年的污染物排放量，可能会存在较大误差；目前监测数据类型繁多，不同的监测数据，因其监测目的、监测方法、监测工况、监测时间等的不同，监测结果相差较大，因此根据监测结果核算的污染物产排量也会相差很大；在目前的监测技术水平下，监测因子浓度值的测量基本达到管理需求，但与核算有关的废气（水）的流量监测仍存在较大问题；监测部门更重视企业排污口的监测，对进口的监测开展较少，不易通过进口监测数据核算污染物产生量等。

9.2.2 产排污系数法

产排污系数法是依据普查对象的产品或原料类型、生产工艺、生产规模以及污染治理技术等，根据产排污系数手册中对应的"影响因素"组合确定产污系数及污染物去除效率，核算污染物产生量和排放量，采用产排污系数法污染物的排放量计算见式（9-2）。

$$E_{排} = G_{产} - R_{减} = P_{产} \times M (1 - \eta T \times kT) \tag{9-2}$$

式中，$E_{排}$ ——某污染物的排放量；

$\qquad G_{产}$ ——某污染物的产生量；

$\qquad R_{减}$ ——某污染去除量；

$\qquad P_{产}$ ——污染物对应的产污系数；

$\qquad M$ ——产品产量（原料、燃料用量）；

$\qquad \eta T$ ——某污染物采用的末端治理技术的平均去除效率；

$\qquad kT$ ——某污染物采用的末端治理设施的实际运行率。

产排污系数法的主要特点：

（1）简单易懂，方便使用。产排污系数法简单来讲即单位产品产生或排放的污染物量，在获知某企业产品、燃料消耗等经济活动水平参数后，即可代入公式计算。便于操作人员熟悉与掌握，不易产生人为操作误差。

（2）使用条件较低，应用广泛。产排污系数法使用条件相对较低，只要是在产排污系数手册中具有的系数，即可核算。甚至在产排污系数手册中不具备系数的行业企业，通过类比其相近行业，也可获取产排污系数。因此，产排污系数法是环境统计中使用最广泛的方法。在监测数据频次不足和需要计算较长时段排放量时，系数法的优势极为突出，可以简单有效地得到工业污染源排放核算结果。

（3）覆盖面广。"二污普"在"一污普"基础上，充分吸收排污许可制建设和相关科研成果，首次建立了覆盖全面的产排污系数体系。"二污普"中工业污染源的行业分类以《国民经济行业分类》（GB/T 4754—2017）（以下简称 2017 版）为依据，涵盖了 42 个大类（659 个小类行业，其中包含 05 农产品初加工中的 2 个小类）的 508 个工段、1 300 种产品、1 589 种原料、1 528 个工艺的 31 327 个废水和废气污染物的产污系数，以及 101 587 种污染治理技术平均去除效率，大类行业和小类行业占比分别为 100%和 98.6%。

但产排污系数代表的是某一类普查对象在区域、行业层面，正常工况下的平均产污或排放水平。也就是说，产排污系数对整体区域、行业的核算是有效的，但是针对具体企业的核算结果肯定有偏差，不能准确反映其实际的排放水平。

9.3　污染物产排量的核算原则

9.3.1　核算方法选取顺序

（1）经管理部门审核通过的 2017 年度排污许可证执行报告中的年度排放量。

（2）排污许可证申请与核发技术规范中有污染物排放量许可限值要求的，污染物排放量核算方法应与排污许可证申请与核发技术规范中相应污染物实际排放量的核算方法保持一致。

（3）监测数据符合规范性和使用要求的，采用监测数据法核算污染物产生量和排放量。

（4）采用产排污系数法（物料衡算法）核算污染物产生量和排放量。

9.3.2　监测数据使用规范性要求

监测数据核算污染物产生、排放量的使用顺序为自动监测数据、企业自测数据、监督性监测数据。

（1）监测数据的规范性要求

①自动监测数据

全年按照相应技术规范开展校准、校验和运行维护，季度有效捕集率不低于 75%的，且保留全年历史数据的自动监测数据，可用于污染物产生量和排放量核算。

②企业自测数据

由企业自行监测或委托有资质机构按照有关监测技术规范、标准方法要求监测获得的数据。

③监督性监测数据

由县（区、市、旗）及以上生态环境部门按照监测技术规范要求进行监督性监测得到的数据。

（2）监测数据使用要求

①废气

废气自动监测数据应根据工程设计参数进行校核，监测数据明显存在问题的，不得采用监测数据核算废气排放量。

对于有烟气旁路且自动监测设备装置在净烟道的，核算污染物排放量要考虑烟气旁路漏风、旁路开启等情况。

手工监测数据不用于核算废气污染物排放量。

②废水

未安装流量自动监测设备的，废水排放量原则上不采用监测数据进行计算，而应根据企业取水量或系数法进行核算。

废水污染物监测频次低于每季度 1 次的，季节性生产企业生产期内监测次数少于 4 次或不足每月 1 次，不得采用监测数据法核算排放量。

有累计流量计的，可按废水流量加权平均浓度和年累计废水流量计算得出；没有累计流量计的，按监测的瞬时排放量（均值）和年生产时间进行核算；没有废水流量监测而有废水污染物监测的，可按水平衡测算出的废水排放量和平均浓度进行核算。

9.3.3　产排污系数法使用要求

根据国务院第二次全国污染源普查领导小组办公室组织制定的《第二次全国污染源普查工业源产排污系数手册》核算污染物排放量。未经国务院第二次全国污染源普查领导小组办公室确认同意，原则上不得采用其他产排污系数或经验系数。

地方普查机构组织制定的产排污系数，报国务院第二次全国污染源普查领导小组办公室同意后使用。

第 10 章

工业园区普查

10.1 园区普查设计原则

我国工业园区建设起步较晚，建设经验不是很丰富，在工业园区快速发展的背后，也凸显出一些环境问题，如缺乏合理规划布局，对本地区工业发展定位不清，集约化不够，特色不明；基础设施薄弱，污水管网以及配套的污水处理设施建设不完善、无固体废物集中处置设施和集中供热设施等；污染物排放集中，工业固废（危废）风险较高，存在突出环境问题；园区管理机构环境管理意识不清，园区环境管理与环境保护投入不足等。

园区内的工业企业按一企一表调查，相关要求在工业源调查中已规定，园区普查是以园区为一个调查对象，设计原则遵循以下几项。

10.1.1 满足管理需求

国务院发布的"大气十条""水十条""土十条"分别对工业园区的管理提出了要求，普查表的内容要能反映园区的现状，满足管理所需的信息，为下一步提出对园区管理的要求提供依据。

10.1.2 体现园区职责

普查将工业园区作为一个普查对象进行调查，园区的环境管理情况是普查的重点，调查指标要能体现园区管理部门的责任主体，反映园区管理部门职责落实情况以及管理情况，为将来制定园区管理策略（一园一策）提供依据。

10.2 园区普查设计思路

工业园区环境保护管理是工作的重点，"大气十条""水十条"对园区（工业集聚区）

提出的环保要求主要集中在 4 个方面：一是园区要建立污染集中处理设施；二是要建设集中供热设施；三是要定期开展环境风险评估；四是要提高环境监管能力。根据环境保护部征求地方各级环境管理部门对"二污普"需求的意见汇总分析，工业园区调查的需求也是集中在这几个方面，所以本技术规定在选择普查指标时也围绕这 4 个方面设计。

10.2.1　污染集中治理设施

污染集中处理设施主要包括污水集中处理厂、一般固体废物集中处理和危险废物集中处理。

集中式污染治理设施普查已包括污水处理厂和危险废物处理处置厂，但未调查企业的属性。工业园区普查重点是掌握园区自建集中处理设施及园区内企业产生的污染物通过集中处理的情况。

目前了解到国内仅有个别园区建有一般工业固体废物集中处理厂，采用填埋方式进行处理。因不产生废水和废气污染物，企业未填报环境统计报表。因不对环境产生污染，不将这类处理厂纳入普查范围。

10.2.2　集中供热设施

"大气十条"在加强工业企业大气污染综合治理的措施中提出要加快推进集中供热，在化工、造纸、印染、制革、制药等产业集聚区，通过集中建设热电联产机组逐步淘汰分散燃煤锅炉。据此，规定普查的集中供热设施只包括为工业生产提供热能的企业，不包括为居民提供热源的企业。

10.2.3　环境风险评估

环境风险主要来自使用和生产危险化学品企业，以及一些高风险的生产工艺，工业污染源普查技术规定对企业风险源进行普查，所以在工业园区普查时不再调查企业风险源，仅对园区在环境风险的预防及应急措施方面进行调查。

10.2.4　环境监管

工业园区是工业企业聚集的地区，污染物排放量大，很多企业安装了自动在线监测设备，对各排放口的污染物浓度进行了监测。目前，园区的环境质量监测尚未纳入日常的监督管理日程，广东、江苏省等发达地区的一些工业园区环境管理部门已认识到这个问题，在园区设置了环境质量监测点开展监测，但在大部分的工业园区未开展监测，对园区的整体环境状况现状不清楚。园区普查设置环境质量监测信息调查，是为控制园区建设规模或企业数量提供依据。

关于污染物产生和排放量，工业污染源的普查技术路线规定，所有工业污染源均应填报工业污染源普查表，包括工业园区（产业园区）内的工业企业，所以园区普查不再对园区内的每家工业企业进行单独调查，园区内的污染物排放量可由工业污染源普查结果进行汇总统计。

现有工业园区调查结果将为各种类型企业入园准入条件、园区污染物排放总量、基于污染物排放总量控制的园区建设规模和园区污染物排放情况与园区周边环境质量响应关系等政策的制定提供决策支持。

10.3 园区普查表设计

2006 年，经国务院同意，国家发展和改革委员会、国土资源部、建设部发布了 2006 版《中国开发区审核公告目录》，公告了符合条件的 1 568 家开发区，2018 年年初，经国务院同意，国家发展和改革委员会等 6 部门联合发布 2018 版《中国开发区审核公告目录》，两版目录对比情况见表 10-1。

表 10-1　国家级和省级开发区统计

开发区名称	2006 版	2018 版	备注
全国合计	1 568	2 543	
国家级开发区合计	222	552	
国家级经济技术开发区	49	219	
国家级高新技术产业开发区	53	156	
国家级保税区	15	135	2018 版将保税区、出口加工区合并后统称"海关特殊监管区域"
国家级出口加工区	58		
边境经济合作区	14	19	2018 版改称"边境/跨境经济合作区"
其他类型开发区	33	23	
省级开发区	1 346	1 991	

2018 版《中国开发区审核公告目录》显示，国家级经济技术开发区、国家级高新技术产业开发区主导产业都包括工业企业（按国民经济行业代码分类）类型；"海关特殊监管区域"中出口加工区的加工类型未明确，是否有污染物产生等信息未知；其他类型开发区包括产业园、科技工业园、旅游度假区、投资开发区、贸易区等，个别国家级旅游度假区主导产业甚至包括生物制药和机械，为保证园区普查结果全面，将国家批准的各类开发区均纳入普查范围。省级开发区是指由省级人民政府批准设立的开发区，主要有两种类型：一种是经济开发区，功能类似于国家级经济技术开发区；另一种是工业园区（产业园区），功能以发展各类工业项目为主，其中还包括一部分省级高新技术产业园区。在普查报表设

计时将园区类型划分为两大类：一是综合类，这类园区行业种类多，行业特点不突出；二是行业类，这类园区以某一类行业企业为主，根据行业污染物产生和排放情况，单独设置化工、纺织印染、电镀、冶金和制药 5 个行业。

园区环境管理信息普查内容详见 G108 表。

园区环境管理信息

表　　号：　　　　　　　　　G108 表
制定机关：　国务院第二次全国污染源普查
　　　　　　　　　　　领导小组办公室
批准机关：　　　　　　　　国家统计局
批准文号：　国统制〔2018〕103 号

2017 年　　有效期至：　　　2019 年 12 月 31 日

01.园区名称	
02.园区代码	
03.区划代码	□□□□□□
04.详细地址	＿＿＿＿＿省（自治区、直辖市）＿＿＿＿＿地（区、市、州、盟） ＿＿＿＿＿县（区、市、旗）＿＿＿＿＿乡（镇）
05.联系方式	联系人：＿＿＿＿＿　　电话号码：＿＿＿＿＿
06.园区边界拐点坐标	拐点 1：经度：＿度＿分＿秒　纬度：＿度＿分＿秒 拐点 2：经度：＿度＿分＿秒　纬度：＿度＿分＿秒 …… 拐点 N：经度：＿度＿分＿秒　纬度：＿度＿分＿秒
07.园区级别	□　　1 国家级　　　2 省级
08.园区类型	行业类：化工□　纺织印染□　电镀工业□　冶金工业□　制药□　制革□　其他□ 综合类：经济技术开发区□　高新技术产业开发区□　海关特殊监管区□ 　　　　边境/跨境经济合作区□　　　　　　　　其他类型开发区□
09.批准面积	＿＿＿＿＿公顷
10.批准部门	
11.批准时间	□□□□年□□月
12.企业数量	注册工业企业数量：＿＿＿＿家　园区内实际生产的企业数量：＿＿＿＿家
13.主导行业及占比	行业名称：＿＿＿　代码□□□　产值占比：＿＿＿ 行业名称：＿＿＿　代码□□□　产值占比：＿＿＿ 行业名称：＿＿＿　代码□□□　产值占比：＿＿＿
14.是否清污分流	□　　1 是（选择"是"填第 15 项、第 16 项） 　　　2 否（选择"否"只填第 16 项）
15.清水系统排水去向	排水去向类型： 受纳水体名称：＿＿＿　　受纳水体代码：＿＿＿

16.污水系统排水去向	排水去向类型： 受纳水体名称：　　　　　　　　　　受纳水体代码：			
17.有无集中生活污水处理厂	□　　1 有（选择"有"则须填第 18 项）　　　　2 无			
18.集中式生活污水处理厂	名称： 统一社会信用代码：□□□□□□□□□□□□□□□□□□（□□） 尚未领取统一社会信用代码的填写原组织机构代码号：□□□□□□□□□（□□）			
19.有无集中工业污水处理厂	□　　1 有（选择"有"则须填第 20 项）　　　　2 无			
20.集中工业污水处理厂	名称： 统一社会信用代码：□□□□□□□□□□□□□□□□□□（□□） 尚未领取统一社会信用代码的填写原组织机构代码号：□□□□□□□□□（□□） 接入的工业企业数量：＿＿＿＿＿＿家			
21.有无集中危险废物处置厂	□　　1 有（选择"有"则须填第 22 项）　　　　2 无			
22.集中危险废物处置厂	名称： 统一社会信用代码：□□□□□□□□□□□□□□□□□□（□□） 尚未领取统一社会信用代码的填写原组织机构代码号：□□□□□□□□□（□□）			
23.有无集中供热设施	□　　1 有（选择"有"则须填第 24 项）　　　　2 无			
24.集中供热单位	名称： 统一社会信用代码：□□□□□□□□□□□□□□□□□□（□□） 尚未领取统一社会信用代码的填写原组织机构代码号：□□□□□□□□□ （□□） 使用集中供热的企业数量：＿＿＿＿＿＿家			
25.园区环境管理机构名称				
26.一企一档建设	□　　1 有　　　　　　　　　　　　2 无			
27.大气环境自动监测站点（可多选）	有□	数量： 监测项目：二氧化硫□ 氮氧化物□ 颗粒物□ 其他□	是否 联网	是□ 否□
	无□	手工监测频次： 监测项目：二氧化硫□ 氮氧化物□ 颗粒物□ 其他□		
28.水环境自动监测站点（可多选）	有□	数量： 监测项目：化学需氧量□ 氨氮□ 总磷□ 石油类□ 其他□	是否 联网	是□ 否□
	无□	手工监测频次： 监测项目：化学需氧量□ 氨氮□ 总磷□ 石油类□ 其他□		
29.编制园区应急预案	□　　1 有　　　　　　　　　　　　2 无			
30.污染源信息公开平台	□　　1 有　　　　　　　　　　　　2 无			

单位负责人：　　　　　统计负责人（审核人）：　填表人：　　　　　报出日期：20　年　月　日

第 11 章

普查报表的填报

11.1 普查报表填报主体

根据《国务院办公厅关于印发第二次全国污染源普查方案的通知》（国办发〔2017〕82 号），工业污染源普查对象为产生废水污染物、废气污染物及固体废物的所有工业行业产业活动单位，即《国民经济行业分类》（GB/T 4754—2017）中采矿业，制造业，电力、热力、燃气及水生产和供应业 3 个门类中 41 个行业，行业大类代码为 06~46，包括经各级工商行政管理部门核准登记、领取营业执照的各类工业企业，以及未经有关部门批准但实际从事工业生产经营活动、有或可能有废水污染物、废气污染物或工业固体废物（包括危险废物）产生的所有产业活动单位。其中有两个例外情况：①污水处理及其再生利用（行业代码为 4620）企业纳入集中式污染治理设施普查，不再纳入工业污染源普查；②个别地区根据需要，05 行业（农、林、牧、渔专业及辅助性活动）可以纳入调查。

按照在地原则确定普查对象，以县级行政区划为划分在地的基本区域单元。

（1）大型联合企业所属下级单位，一律纳入该下级单位所在地普查；

（2）同一企业分布在不同区域的厂区，纳入各厂区所在区域普查；

（3）大型公共供暖企业按照企业各生产场所或生产设施（锅炉）所在区域，纳入所在区域普查。

11.2 普查报表填报要求

11.2.1 普查表填报模式

工业源普查表采用组合"套餐式"填报模式，即普查对象根据自身的实际污染物产排情况，选填相应分"块"报表，整合汇总成一个普查对象整体产治排情况。首先，根据普查对象的产排污特点，将普查对象划分为废水普查对象、废气普查对象、固废普查对象、放射性普查对象以及综合性普查对象，并给出各类普查对象的界定范围；其次，针对每类普查对象制定填报要求，规定需要填报的普查表及填报时的注意事项；最后，可以利用普查数据管理系统实现组合"套餐式"填报，普查对象勾选符合的类型及具有的相关工序，系统自动提取出普查对象需要填报的报表，其他报表隐去不显示，以便减少不必要的工作。普查表选择页面见图 11-1。

16.产生工业废水	□ 1 是　　2 否　注：选"1"的，须填报 G102 表
17.有锅炉/燃气轮机	□ 1 是　　2 否　注：选"1"的，须填报 G103-1 表
18.有工业炉窑	□ 1 是　　2 否　注：选"1"的，须填报 G103-2 表
19.有炼焦工序	□ 1 是　　2 否　注：选"1"的，须填报 G103-3 表
20.有烧结/球团工序	□ 1 是　　2 否　注：选"1"的，须填报 G103-4 表
21.有炼铁工序	□ 1 是　　2 否　注：选"1"的，须填报 G103-5 表
22.有炼钢工序	□ 1 是　　2 否　注：选"1"的，须填报 G103-6 表
23.有熟料生产	□ 1 是　　2 否　注：选"1"的，须填报 G103-7 表
24.是否为石化企业	□ 1 是　　2 否　注：选"1"的，须填报 G103-8 表、G103-9 表
25.有有机液体储罐/装载	□ 1 是　　2 否　注：指标解释中所列行业工业企业必填；选"1"的，须填报 G103-10 表
26.含挥发性有机物原辅材料使用	□ 1 是　　2 否　注：指标解释中所列行业工业企业必填；选"1"的，须填报 G103-11 表
27.有工业固体物料堆存	□ 1 是　　2 否　注：仅限堆存指标解释中所列固体物料工业企业选择；选"1"的，须填报 G103-12 表
28.有其他生产废气	□ 1 是　　2 否　注：所有企业，有上述指标 18～28 项涉及的设备及工艺以外的环节有生产工艺废气产生的，选"1"的，须填报 G103-13 表
29.一般工业固体废物	□ 1 是　　2 否　注：有一般工业固体废物产生的，选"1"的，须填报 G104-1 表
30.危险废物	□ 1 是　　2 否　注：有危险体废物产生或处理利用的，选"1"的，须填报 G104-2 表
31.涉及稀土等 15 类矿产	□ 1 是　　2 否　注：选"1"的，须填报 G107 表
32.备注	

单位负责人：　　　　统计负责人（审核人）：　　　　填表人：　　　　报出日期：20 　年 　月 　日

图 11-1　普查表选择页面

11.2.2　普查表具体填报要求

普查对象根据所涉废水、废气、固废情况按以下要求选择填报相应报表。

11.2.2.1　所有普查对象填报要求

所有普查对象均需填报工业企业基本信息普查表（G101-1 表）和工业企业生产工艺、主要产品、原辅料普查表（G101-2 表）。

11.2.2.2　废水普查对象填报要求

废水普查对象是指有废水及废水污染物产生或排放的企业。

1）废水普查对象均需填报工业企业废水治理与排放情况普查表（G102-1 表），具体填报要求见图 11-2。

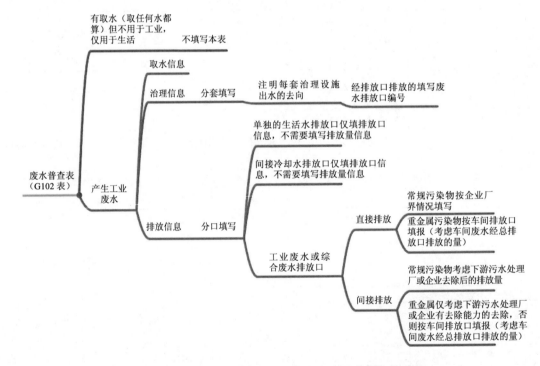

图 11-2　工业企业废水治理与排放情况普查表填报示意图

2）使用监测法核算废水污染物产排量的废水普查对象均需填报工业企业废水监测数据结果表（G106-2 表）；使用产排污系数法核算废水污染物产排量的废水普查对象均需填报工业企业污染物产排污系数核算信息普查表（G106-1 表）。

11.2.2.3　废气普查对象填报要求

废气普查对象是指有废气及废气污染物产生和排放的企业。

废气普查报表分为废气生产工艺（含重点行业）专表、废气公用设施专表和废气污染物产排量核算过程表三部分，其中，废气重点行业包括水泥、钢铁、平板玻璃和火电（同电站锅炉）；废气公用设施包括电站锅炉（自备电厂）、工业锅炉、有机溶剂使用、有机液体储罐、有机液体装载、火炬排放、有机废水集输储存处理、有机废气泄漏、厂内移动源、循环冷却水挥发、固体物料堆存等涉及废气污染物排放的设施或环节；废气污染物核算过程表包括废气监测数据结果表和废气污染物产排污系数核算信息普查表。

普查对象根据实际涉及的排放源类型选择填报具体的普查表，填报要求见图 11-3。

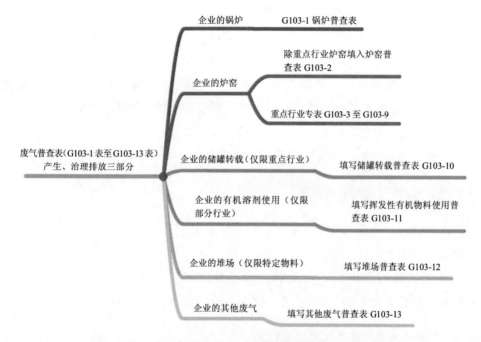

图 11-3　工业企业废气治理与排放情况普查表填报示意图

（1）火电、水泥、钢铁、平板玻璃废气重点行业普查对象填报要求

①钢铁、水泥、火电、平板玻璃行业的普查对象，填报对应的行业专表。

②重点行业普查对象除填报行业专表外，若有电站锅炉（自备电厂）、工业锅炉、有机溶剂使用、有机液体储罐、有机液体装载、火炬排放、有机废水集输储存处理、有机废气泄漏、厂内移动源、循环冷却水使用、固体物料堆存等一项及以上涉废气污染物排放公用设施的，选择对应的废气公用设施专表填报。

③重点行业普查对象，除填报对应的行业专表、公用设施专表外，若还有未包含在行业专表和公用设施专表的排污环节，则将未包含的排污环节相关情况填报到工业企业生产工艺废气治理与排放情况普查表（G103-1 表）中。

④使用监测法核算废气污染物产排量的重点行业普查对象均需填报工业企业废气监测数据结果表（G106-1 表）；使用产排污系数法核算废气污染物产排量的重点行业普查对

象均需填报工业企业废气污染物产排污系数核算信息普查表（G106-3 表）。

⑤填报时注意表中相应的指标需小于等于（G101-2 表）中的指标值。

（2）其他废气普查对象填报要求

①有废气公用设施的废气普查对象，若有电站锅炉（自备电厂）、工业锅炉、有机溶剂使用、有机液体储罐、有机液体装载、火炬排放、有机废水集输储存处理、有机废气泄漏、厂内移动源、循环冷却水使用、固体物料堆存等一项及以上涉废气污染物排放公用设施的，选择对应的废气公用设施专表填报。

②除填报对应的公用设施专表外，若还有未包含的排污环节，则将未包含的排污环节相关情况填报到工业企业生产工艺废气治理与排放情况普查表（G103-1 表）中。

③使用监测法核算废气污染物产排量的普查对象均需填报工业企业废气监测数据结果表（G103-21 表）；使用产排污系数法核算废气污染物产排量的普查对象均需填报工业企业废气污染物产排污系数核算信息普查表（G103-22 表）。

④填报时注意表中相应的指标需小于等于（G101-2 表）中的指标值。

11.2.2.4 固体废物普查对象填报要求

固体废物普查对象是指具有工业一般固体废物或危险废物产生、综合利用、处置、贮存和倾倒丢弃的企业。

固体废物普查对象填报工业企业一般工业固体废物产生与处理利用信息普查表（G104-1 表）或工业企业危险废物产生与处理利用信息普查表（G104-2 表）。

11.2.2.5 环境风险信息普查对象填报要求

环境风险信息普查对象指涉及《企业突发环境事件风险分级方法》（HJ 941—2018）中附录 A 和《重点环境管理危险化学品目录》（关于发布《重点环境管理危险化学品目录》的通知（环办〔2014〕33 号）中化学品的企业。

11.2.2.6 其他要求

（1）普查员或普查指导员需利用移动数据采集终端现场核实普查对象地理坐标，补充采集排放口等地理坐标。符合下列条件之一的，需由普查员或普查指导员利用数据采集终端标绘厂区边界信息：

①填报《工业企业突发环境事件风险信息》（G105 表）的普查对象；

②属于 09 有色金属矿采选业，25 石油、煤炭及其他燃料加工业，26 化学原料和化学制品制造业，27 医药制造业，28 化学纤维制造业，29 橡胶和塑料制品业，32 有色金属冶炼和压延加工业的工业企业；

③有尾矿库（标绘尾矿库边界）。

（2）普查对象应提供与普查相关的基础资料，以备核实普查表填报内容，包括厂区平面布置图、主要工艺流程图、水平衡图、环境影响评价文件及批复、清洁生产审核报告；2017 年度主要物料（或排放污染物的前体物）使用量数据，生产报表，煤（油、燃气）、电、水等收费票据，产污、治污设施运行记录，以及各种监测报告（自动监测数据报表），排污许可证年度执行报告（2017 年度）；普查对象认为其他能够证明其填报数据真实性、可靠性的资料。

（3）普查对象应按规定和要求如实填报普查表，对所填报数据的真实性负责。普查对象对普查表中所填数据资料确认签章。

第 12 章

第二次全国污染源普查与第一次全国污染源普查对比

12.1 普查对象和普查范围

"二污普"和"一污普"普查对象均为《国民经济行业分类》中的采矿业（B），制造业（C），电力、燃气及水的生产和供应业（D）3 个门类的产业活动单位。"二污普"的普查范围增加了工业园区。两次全国污染源普查对象见表 12-1。

表 12-1 两次全国污染源普查对象

对比内容	"一污普"	"二污普"
普查对象	《国民经济行业分类》（GB/T 4754—2002）中采矿业，制造业，电力、燃气及水的生产和供应业，3 个门类中 39 个行业的所有产业活动单位； 按照全面普查、突出重点的原则，根据工业污染源的规模、排污特点和排污量，将工业污染源划分为重点污染源和一般污染源，分别进行详细调查和简要调查	1.工业企业：《国民经济行业分类》（GB/T 4754—2017）中采矿业，制造业，电力、热力、燃气及水生产和供应业，普查对象为 3 个门类中 41 个行业，产生废水污染物、废气污染物或工业固体废物（包括危险废物）的所有工业企业产业活动单位 2.工业园区：国家级、省级开发区中的工业园区（产业园区），包括经济技术开发区、高新技术产业开发区、保税区、出口加工区
普查对象的确定原则	1. 按照属地原则确定普查对象。以县级行政区划为划分属地的基本单元 （1）大型联合企业所有二级单位，一律纳入该二级单位所在地的普查 （2）同一企业颁布在不同区域的厂区，纳入各厂区所在区域普查 （3）大型公共供暖企业按照企业各生产场所或生产设施（锅炉）所在区域，纳入所在区域普查	
	2. 至 2007 年 12 月 31 日以前新建已验收的企业纳入本次普查；投入试生产、试运行，已造成事实排污累计 30 天及以上的新建项目，纳入本次普查；投入试生产、试运行，事实排污累计不足 30 天的新建项目，不纳入本次普查 3. 在 2007 年度停产的产业活动单位，纳入本次普查 4. 2007 年 12 月 31 日以前关闭的产业活动单位不纳入本次普查	2. 清查后确定的工业污染源普查对象 3. 普查入户调查过程中，发现的新的符合条件的普查对象，纳入普查范围

两次普查的工业企业普查对象，均包括在明确的普查范围内，涉及有废水、废气或固体废物产生的工业企业。

"一污普"对工业污染源普查对象划分为重点污染源和一般污染源两类。其中，工业重点污染源行业范围，包括由重金属、危险废物、放射性物质产生的所有产业活动单位、食品制造业（C14）等部分特定工业行业中所有产业活动单位，煤炭开采和洗选业（B06）等部分特定工业行业中规模以上的产业活动单位，以及金属制造业（C34）等部分特定行业中有电镀、熔炼、喷漆工艺、使用的原辅材料中含重金属和放射性物质，或有危险废物产生的规模以上的产业活动单位。除重点污染源外其他行业的产业活动单位为一般污染源。

在普查对象的确定原则方面，两次普查均按照属地原则确定，以县级行政区划为主要划分单元。

12.2　普查内容和污染物种类

12.2.1　普查内容

在普查内容方面，"一污普"将工业污染源普查对象划分为重点污染源和一般污染源，分别明确了重点污染源和一般污染源的普查内容，均包括工业企业的基本情况；产品、原辅材料、能源情况；用水、排水情况；各类产生污染的设施情况；废水、废气、固体废物的产、排污及综合利用情况；污染源监测结果以及电磁辐射设备和放射性同位素与射线装置情况等方面，但由于重点污染源和一般污染源填报的普查表不同，因此在部分普查内容上，普查对象填报的指标也会有所不同。

另外，针对部分特定行业，普查内容明确增加持久性有机污染物的使用情况，消耗臭氧层物质的生产或使用情况等。

"二污普"不区分污染源类型，工业企业普查内容包括企业基本情况，原辅材料消耗、产品生产情况，产生污染的设施情况，各类污染物产生、治理、排放和综合利用情况等；突发环境事件风险信息普查内容包括突发环境事件风险物质信息，突发环境事件风险生产工艺信息，环境风险防控措施信息，突发环境事件应急预案编制信息等；工业园区普查内容包括园区基本信息，园区基础设施建设情况，园区环境管理情况，园区注册登记工业企业清单等；伴生放射性污染源普查内容包括稀土等 15 类矿产采选、冶炼和加工过程中产生的放射性污染情况。

两次全国污染源普查内容见表 12-2。

表 12-2　两次全国污染源普查内容

比较内容	"一污普"	"二污普"
普查内容	1.重点污染源： （1）工业企业的基本情况，包括单位名称、代码、位置信息、联系方式、经济规模、登记注册类型、行业分类等； （2）主要产品、主要原辅材料消耗量、能源结构和消耗量以及与污染物排放相关的燃料含硫量、灰分等； （3）用水、排水情况，包括排水去向信息； （4）各类产生污染的设施情况，以及各类污染处理设施建设、运行情况等； （5）废水、废气、固体废物（包括危险废物）的产、排污及综合利用情况； （6）污染源监测结果； （7）电磁辐射设备和放射性同位素与射线装置情况 2.一般污染源： （1）工业企业的基本情况，包括单位名称、代码、位置信息、联系方式、经济规模、登记注册类型、行业分类等； （2）主要产品、主要原辅材料消耗量、能源结构和消耗量以及与污染物排放相关的燃料含硫量、灰分等； （3）用水、排水情况，包括排水去向信息； （4）各类产生污染的设施情况，以及各类污染处理设施建设、运行情况等； （5）废水、废气、固体废物的产、排污及综合利用情况； （6）污染源监测结果； （7）电磁辐射设备和放射性同位素与射线装置情况 3.持久性有机污染物和消耗臭氧层物质普查： （1）持久性有机污染物普查 化学原料及化学品制造业（C26），普查内容增加持久性有机污染物的生产情况，以及滴滴涕的使用情况。 纺织业（C17），造纸及纸制品业（C22），黑色金属冶炼及压延加工业（C32），有色金属冶炼及压延加工业（C33），电气机械及器材制造业（C39），电力、热力的生产和供应业（C44），有在用、报废含多氯联苯的电容器、变压器的企业，普查内容增加含多氯联苯电容器（变压器）的使用情况 （2）消耗臭氧层物质普查 生产情况：化学原料及化学品制造业（C26）生产四氧化碳、甲基溴、含氢氯氟烃的产业活动单位，普查内容增加消耗臭氧层物质（四氧化碳、甲基溴、含氢氯氟烃）生产的情况 使用情况：化学原料及化学品制造业（C26）、医药制造业（C27）、塑料制造业（C30）、通用设备制造业（C35）、电气机械及器材制造业（C39）中，使用四氧化碳、甲基溴、含氢氯氟烃的产业活动单位，普查内容增加消耗臭氧层物质（四氧化碳、甲基溴、含氢氯氟烃）使用的情况	1.工业企业：企业基本情况，原辅材料消耗、产品生产情况，产生污染的设施情况，各类污染物产生、治理、排放和综合利用情况（包括排放口信息、排放方式、排放去向等），各类污染防治设施情况等 2.风险信息：突发环境事件风险物质信息，突发环境事件风险生产工艺信息，环境风险防控措施信息，突发环境事件应急预案编制信息 3.工业园区：园区基本信息，园区基础设施建设情况，园区环境管理情况，园区注册登记工业企业清单 4.伴生放射性污染源：稀土等15 类矿产采选、冶炼和加工过程中产生的放射性污染情况

12.2.2　普查的污染物种类

在普查的工业污染源废水污染物种类方面,两次普查均包括废水排放量、化学需氧量、氨氮、石油类、挥发酚、氰化物、砷、铅、镉、铬、汞;不同的是,"一污普"还包括五日生化需氧量,废水石油业类指标包括动植物油,"二污普"还包括废水中总氮、总磷指标。

在普查的工业污染源废气污染物种类方面,两次普查均包括废气排放量、二氧化硫、氮氧化物;不同的是,"一污普"还包括烟尘、工业粉尘、氟化物,而"二污普"还包括颗粒物、挥发性有机物、氨以及废气中重金属元素砷、铅、镉、铬、汞,其中,"二污普"普查的颗粒物指标,与"一污普"普查的烟尘和工业粉尘合计内容一致。

在普查的固体废物种类方面,两次普查的一般工业固体废物均包括冶炼废渣、粉煤灰、炉渣、煤矸石、尾矿、脱硫石膏、污泥,"二污普"增加了赤泥、磷石膏两种类型,同时对"一污普"的放射性废物不作为工业固体废物的种类进行普查。普查的危险废物的种类均按照当时有效的《国家危险废物名录》确定。

在普查污染物种类的确定方面,"一污普"给出了确定原则,一方面明确了废水、废气污染物中的普查主要指标,同时,明确根据行业污染物产生特点和排放特征,确定不同行业废水、废气污染物普查种类,并列出了部分工业行业废水、废气污染物参考指标;"二污普"普查污染物种类的确定原则,是以普查对象实际产生的废水、废气或工业固体废物种类确定。

两次全国污染源普查的污染物种类见表 12-3。

表 12-3　两次全国污染源普查的污染物种类

污染物类型	"一污普"	"二污普"
废水	1.污染物种类 废水排放量、化学需氧量、氨氮、石油类(或动植物油)、挥发酚、汞、镉、铅、砷、总铬(六价铬)、氰化物、五日生化需氧量等	1.污染物种类 废水排放量、化学需氧量、氨氮、总氮、总磷、石油类、挥发酚、氰化物、砷、铅、镉、铬、汞
	2.污染物种类确定原则 (1)废水排放量、化学需氧量、氨氮、石油类(或动植物油)为普查主要指标; (2)其他指标可根据普查对象的原辅材料使用情况、产品的生产情况和生产工艺过程中物料存在情况进行填报; 根据不同行业污染物产生特点和排放特征,确定不同行业废水污染物普查种类,给出部分行业废水中污染物参考指标	2.污染物种类确定原则 根据普查对象的原辅材料使用情况、产品的生产情况和生产工艺过程中物料存在情况按实际填报

污染物类型	"一污普"	"二污普"
废气	1.污染物种类 废气排放量、烟尘、工业粉尘、二氧化硫、氮氧化物、氟化物等	1.污染物种类 废气排放量、二氧化硫、氮氧化物、颗粒物、挥发性有机物、氨、砷、铅、镉、铬、汞
	2.污染物种类确定原则 （1）废气排放量、烟尘、二氧化硫、氮氧化物为普查主要指标； （2）工业粉尘、氟化物等指标可根据普查对象的原辅材料使用情况、产品的生产情况和生产工艺过程中物料存在情况进行填报； 根据不同行业污染物产生特点和排放特征，确定不同行业废气污染物普查种类，给出部分行业废气污染物参考指标	2.污染物种类确定原则 根据普查对象的原辅材料使用情况、产品的生产情况和生产工艺过程中物料存在情况按实际填报
固体废物	工业固体废物包括冶炼废渣、粉煤灰、炉渣、煤矸石、尾矿、脱硫设施产生的石膏、污水处理设施产生的污泥、放射性废和其他废物	一般工业固体废物包括冶炼废渣、粉煤灰、炉渣、煤矸石、尾矿、脱硫石膏、污泥、赤泥、磷石膏和其他废物
	危险废物种类按照当时有效的《国家危险废物名录》（1998版）确定	危险废物种类按照当时有效的《国家危险废物名录》（2016版）确定

12.3 普查表填报范围

12.3.1 普查表

12.3.1.1 "一污普"

"一污普"工业污染源普查表分为普查详表（以下简称详表）和普查简表（以下简称简表）两类，其中，详表20张、简表10张。

详表包括：工业企业基本情况表1张；主要产品、原辅材料、能源情况表1张；用水、排水、废水处理设施情况表2张；废水污染物产生、排放和核算表3张；锅炉、窑炉和其他生产工艺废气处理设施表3张；废气污染物产生、排放和核算表3张；工业固体废物和危险废物表2张；电磁辐射设备和放射性同位素与射线装置表1张；伴生放射性污染源表1张；持续性有机物和消耗臭氧层物质普查表3张。

简表包括：工业企业基本情况表1张；主要产品、原辅材料、能源情况表1张；用水、废水处理、排放和废水监测数据表2张；废气污染物产生、处理、排放和废气监测表2张；工业固体废物表1张；电磁辐射设备和放射性同位素与射线装置表1张；持续性有机物和消耗臭氧层物质普查表 2 张。

12.3.1.2 "二污普"

"二污普"工业污染源普查表共分 8 类、25 张表。

其中，工业企业基本情况表 3 张，包括企业基本信息、产品和生产工艺、原辅材料和能耗等。

废水治理与排放情况表 1 张，包括用水、废水排放、废水污染物产生、治理、排放等。

废气治理与排放情况表 13 张，根据工业锅炉/燃气轮机、工业炉窑、炼焦、烧结/球团、炼铁、炼钢、水泥、石化、有机液体储罐/装载、含挥发性有机物原辅材料使用、固体物料堆存和其他废气情况等设表，包括生产工艺运行、废气排放、废气污染物产生、治理、排放等。

工业固体废物产生与处理利用情况表 2 张，分一般工业固废和危险废物。

突发环境事件风险信息表 1 张。

污染物核算信息表 3 张，包括产排污系数核算表、废水监测数据表、废气监测数据表。

伴生放射性矿信息表 1 张。

工业园区环境管理信息表 1 张。

两次全国污染源普查表目录见表 12-4。

12.3.2　填报范围

"一污普"和"二污普"中普查表的填报范围，均根据普查对象的产业活动类型，进行相应填报。

12.3.2.1 "一污普"

"一污普"工业污染源普查表的设计，分详表和简表，工业重点污染源填报详表，一般污染源填报简表。

（1）重点污染源

重点污染源中所有产业活动单位填报《工业企业基本情况表（G101）》～《工业固体废物普查表（G110）》等 14 张表。

重点污染源中有危险废物产生的产业活动单位填报《危险废物普查表（G111）》。

重点污染源中有电磁辐射设备和放射性同位素与射线装置的产业活动单位填报《电磁辐射设备和放射性同位素与射线装置普查表（G112）》。

表 12-4　两次全国污染源普查表目录

比较内容	"一污普"	"二污普"
普查表	一、工业污染源普查详表 G101 工业企业基本情况表 G102 主要产品、原辅材料及能源消费情况普查表 G103 工业用水、排水情况普查表 G104 废水处理设施普查表 G105 废水污染物产生量、排放量普查表 G105-1 废水污染物产排污系数测算表 G105-2 废水污染物监测表 G106 锅炉及废气处理设施普查表 G107 窑炉及废气处理设施普查表 G108 生产工艺废气处理设施普查表 G109 废气及污染物产生量、排放量普查表 G109-1 废气污染物产排污系数测算表 G109-2 废气污染物监测表 G110 工业固体废物普查表 G111 危险废物普查表 G112 电磁辐射设备和放射性同位素与射线装置普查表 G113 伴生放射性污染源普查表 G114 持久性有机污染物普查表 G115 含多氯联苯电容器（变压器）普查表 G116 消耗臭氧层物质普查表 二、工业污染源普查简表 G201 工业企业基本情况 G202 主要产品、原辅材料及能源消费情况普查表 G203 工业用水及废水处理、排放情况普查表 G203-1 废水监测表 G204 废气污染物产生及处理、排放情况普查表 G204-1 废气监测表 G205 工业固体废物普查表 G206 电磁辐射设备和放射性同位素与射线装置普查表 G207 含多氯联苯电容器（变压器）普查表 G208 消耗臭氧层物质普查表	G101-1 工业企业基本情况 G101-2 工业企业主要产品、生产工艺基本情况 G101-3 工业企业主要原辅材料使用、能源消耗基本情况 G102 工业企业废水治理与排放情况 G103-1 工业企业锅炉/燃气轮机废气治理与排放情况 G103-2 工业企业炉窑废气治理与排放情况 G103-3 钢铁与炼焦企业炼焦废气治理与排放情况 G103-4 钢铁企业烧结/球团废气治理与排放情况 G103-5 钢铁企业炼铁生产废气治理与排放情况 G103-6 钢铁企业炼钢生产废气治理与排放情况 G103-7 水泥企业熟料生产废气治理与排放情况 G103-8 石化企业工艺加热炉废气治理与排放情况 G103-9 石化企业生产工艺废气治理与排放情况 G103-10 工业企业有机液体储罐、装载信息 G103-11 工业企业含挥发性有机物原辅材料使用信息 G103-12 工业企业固体物料堆存信息 G103-13 工业企业其他废气治理与排放情况 G104-1 工业企业一般工业固体废物产生与处理利用信息 G104-2 工业企业危险废物产生与处理利用信息 G105 工业企业突发环境事件风险信息 G106-1 工业企业污染物产排污系数核算信息 G106-2 工业企业废水监测数据 G106-3 工业企业废气监测数据 G107 伴生放射性矿产企业含放射性固体物料及废物情况 G108 园区环境管理信息

经过初测作为伴生放射性的稀土、铌/钽、锆石和氧化锆、锡、铅/锌矿、铜、铁、磷酸盐、煤、铝和钒等 11 类矿产资源的采选、冶炼和加工业所有产业活动单位，填报《伴生放射性污染源普查表（G113）》。

化学原料和化学品制造业（C26）所有产业活动单位填报《持久性有机污染物普查表（G114）》。

纺织业（C17），造纸及纸制品业（C22），黑色金属冶炼及压延加工业（C32），有色金属冶炼及压延加工业（C33），电气机械及器材制造业（C39），电力、热力的生产和供应业（C44）中划为重点污染源的所有产业活动单位，填报《含多氯联苯电容器（变压器）普查表（G115）》。

化学原料及化学品制造业（C26），医药制造业（C27），塑料制造业（C30），通用设备制造业（C35），电气机械及器材制造业（C39）中划为重点污染源的所有产业活动单位，填报《消耗臭氧层物质普查表（G116）》。

（2）一般污染源

一般污染源所有产业活动单位填报《工业企业基本情况（G201）》～《工业固体废物普查表（G205）》等 7 张表。

一般污染源中有电磁辐射设备和放射性同位素与射线装置的产业活动单位填报《电磁辐射设备和放射性同位素与射线装置普查表（G206）》。

纺织业（C17），造纸及纸制品业（C22），专用设备制造业（C36），电气机械及器材制造业（C39），电力、热力的生产和供应业（C44）中大型企业，填报《含多氯联苯电容器（变压器）普查表（G207）》。

医药制造业（C27）、塑料制造业（C30）、通用设备制造业（C35）、电气机械及器材制造业（C39）中划为一般污染源的所有产业活动单位，填报《消耗臭氧层物质普查表（G208）》。

"一污普"工业污染源普查表及填报范围见表 12-5。

12.3.2.2　"二污普"

"二污普"中，普查对象根据实际生产涉及的生产工序和污染治理或排放情况，选择填报相应的普查表，不涉及的普查内容不需要填报。具体要求如下：

（1）所有工业企业必填《工业企业基本情况表（G101-1）》、《工业企业主要产品、生产工艺基本情况表（G101-2）》和《工业企业主要原辅材料使用、能源消耗基本情况表（G101-3）》；

表 12-5 "一污普"工业污染源普查表及填报范围

普查表	填报范围
一、工业污染源普查详表	
G101 工业企业基本情况表 G102 主要产品、原辅材料及能源消费情况普查表 G103 工业用水、排水情况普查表 G104 废水处理设施普查表 G105 废水污染物产生量、排放量普查表 G105-1 废水污染物产排污系数测算表 G105-2 废水污染物监测表 G106 锅炉及废气处理设施普查表 G107 窑炉及废气处理设施普查表 G108 生产工艺废气处理设施普查表 G109 废气及污染物产生量、排放量普查表 G109-1 废气污染物产排污系数测算表 G109-2 废气污染物监测表 G110 工业固体废物普查表	重点污染源所有产业活动单位
G111 危险废物普查表	重点污染源中有危险废物产生的产业活动单位
G112 电磁辐射设备和放射性同位素与射线装置普查表	重点污染源中有该类设备和装置的产业活动单位
G113 伴生放射性污染源普查表	经过初测作为伴生放射性的稀土、铌/钽、锆石和氧化锆、锡、铅/锌矿、铜、铁、磷酸盐、煤、铝和钒等 11 类矿产资源的采选、冶炼和加工业所有产业活动单位
G114 持久性有机污染物普查表	化学原料和化学品制造业（C26）所有产业活动单位
G115 含多氯联苯电容器（变压器）普查表	纺织业（C17），造纸及纸制品业（C22），黑色金属冶炼及压延加工业（C32），有色金属冶炼及压延加工业（C33），电气机械及器材制造业（C39），电力、热力的生产和供应业（C44）中划为重点污染源的所有产业活动单位
G116 消耗臭氧层物质普查表	化学原料及化学品制造业（C26）、医药制造业（C27）、塑料制造业（C30）、通用设备制造业（C35）、电气机械及器材制造业（C39）中划为重点污染源的所有产业活动单位
二、工业污染源普查简表	
G201 工业企业基本情况 G202 主要产品、原辅材料及能源消费情况普查表 G203 工业用水及废水处理、排放情况普查表 G203-1 废水监测表 G204 废气污染物产生及处理、排放情况普查表 G204-1 废气监测表 G205 工业固体废物普查表	一般污染源所有产业活动单位
G206 电磁辐射设备和放射性同位素与射线装置普查表	一般污染源中有该类设备和装置的产业活动单位
G207 含多氯联苯电容器（变压器）普查表	纺织业（C17），造纸及纸制品业（C22），专用设备制造业（C36），电气机械及器材制造业（C39），电力、热力的生产和供应业（C44）中大型企业
G208 消耗臭氧层物质普查表	医药制造业（C27）、塑料制造业（C30）、通用设备制造业（C35）、电气机械及器材制造业（C39）中划为一般污染源的所有产业活动单位

（2）据 G101-1 表指标第 19～31 项选择企业的实际属性，来填报相应报表。

若工业企业产生工业废水，则填报《工业企业废水治理与排放情况表（G102）》；废水污染物产生和排放量核算过程，填报《工业企业污染物产排污系数核算信息表（G106-1）》或《工业企业废水监测数据表（G106-2）》。

若工业企业有锅炉或燃气轮机，则填报《工业企业锅炉/燃气轮机废气治理与排放情况表（G103-1）》；若工业企业有工业炉窑（指除水泥熟料、炼焦、烧结/球团、炼钢、炼铁、石化生产等使用的炉窑以外的工业炉窑），则填报《工业企业炉窑废气治理与排放情况表（G103-2）》；若工业企业有炼焦工序（包括钢铁企业的炼焦车间和单独的炼焦厂），则填报《钢铁与炼焦企业炼焦废气治理与排放情况表（G103-3）》；若工业企业有烧结或球团工序，则填报《钢铁企业烧结/球团废气治理与排放情况表（G103-4）》；若工业企业有炼铁工序，则填报《钢铁企业炼铁生产废气治理与排放情况表（G103-5）》；若工业企业有炼钢工序，则填报《钢铁企业炼钢生产废气治理与排放情况表（G103-6）》；若工业企业有水泥熟料工序，则填报《水泥企业熟料生产废气治理与排放情况表（G103-7）》；若工业企业属于石化行业〔指执行《石油化学工业污染物排放标准》（GB 31571—2015）和《石油炼制工业污染物排放标准》（GB 31570—2015）的工业企业〕，则填报《石化企业工艺加热炉废气治理与排放情况表（G103-8）》和《石化企业生产工艺废气治理与排放情况表（G103-9）》。以上 G103-1～G103-9 表对应的废气污染物产生和排放量核算，填报《工业企业污染物产排污系数核算信息表（G106-1）》或《工业企业废气监测数据表（G106-3）》。

对部分特定行业的工业企业，须填报《工业企业有机液体储罐、装载信息表（G103-10）》，对该部分特定行业外的工业企业，若有机液体储罐、装载的，可以填报 G103-10 表。G103-10 表中废气污染物产生和排放量通过本表内置公式核算，不再填报《工业企业污染物产排污系数核算信息表（G106-1）》或《工业企业废气监测数据表（G106-3）》。

若工业企业使用含挥发性有机物原辅材料，则填报《工业企业含挥发性有机物原辅材料使用信息表（G103-11）》，表中废气污染物产生和排放量核算，填报《工业企业污染物产排污系数核算信息表（G106-1）》。

若工业企业有特定类型的固体物料堆存，则填报《固体物料堆存信息普查表（G103-12）》，表中废气污染物产生和排放量通过本表内置公式核算，不再填报《工业企业污染物产排污系数核算信息表（G106-1）》或《工业企业废气监测数据表（G106-3）》。

若工业企业除以上废气污染物产生工序外，有其他废气污染物产生工序（包括厂内移动源），则填报《其他废气治理与排放情况普查表（G103-13）》，表中废气污染物产生和排放量通过本表内置公式核算，不再填报《工业企业污染物产排污系数核算信息表（G106-1）》或《工业企业废气监测数据表（G106-3）》。

若工业企业有一般工业固体废物产生，则填报《一般工业固体废物产生与处理利用信息普查表（G104-1）》；若工业企业有工业危险废物产生，则填报《危险废物产生与处理利用信息普查表（G104-2）》。

若工业企业涉及突发环境事件风险物质［按照《企业突发环境事件风险分析方法》（HJ 941—2018）执行］，则填报《工业企业突发环境事件风险信息表（G105）》。

若工业企业达到伴生放射性矿普查标准［按照《第二次全国污染源普查伴生放射性矿普查监测技术规定》（国污普〔2018〕1 号）执行］，则填报《伴生放射性矿产企业含放射性固体物料及废物情况表（G107）》，纳入详查的伴生放射性矿企业监测数据由省级辐射监测机构填报。

（3）工业园区填报《园区环境管理信息表（G108）》。

"二污普"工业污染源普查表及填报范围见表 12-6。

表 12-6　"二污普"工业污染源普查表及填报范围

普查表	填报范围
G101-1 工业企业基本情况 G101-2 工业企业主要产品、生产工艺基本情况 G101-3 工业企业主要原辅材料使用、能源消耗基本情况	有污染物产生的工业企业及产业活动单位
G102 工业企业废水治理与排放情况	有废水及废水污染物产生或排放的工业企业
G103-1 工业企业锅炉/燃气轮机废气治理与排放情况	有工业锅炉的工业企业，以及所有在役火电厂、热电联产企业及工业企业的自备电厂、垃圾和生物质焚烧发电厂
G103-2 工业企业炉窑废气治理与排放情况	有工业炉窑的工业企业
G103-3 钢铁与炼焦企业炼焦废气治理与排放情况	有炼焦工序的钢铁冶炼企业和炼焦企业
G103-4 钢铁企业烧结/球团废气治理与排放情况	有烧结/球团工序的钢铁冶炼企业
G103-5 钢铁企业炼铁生产废气治理与排放情况	有炼铁工序的钢铁冶炼企业
G103-6 钢铁企业炼钢生产废气治理与排放情况	有炼钢工序的钢铁冶炼企业
G103-7 水泥企业熟料生产废气治理与排放情况	有熟料生产工序的水泥企业
G103-8 石化企业工艺加热炉废气治理与排放情况 G103-9 石化企业生产工艺废气治理与排放情况	石化企业
G103-10 工业企业有机液体储罐、装载信息	有有机液体储罐的工业企业
G103-11 工业企业含挥发性有机物原辅材料使用信息	使用含挥发性有机物原辅材料的工业企业
G103-12 工业企业固体物料堆存信息	有固体物料堆存的工业企业
G103-13 工业企业其他废气治理与排放情况	有废气污染物产生与排放的工业企业
G104-1 工业企业一般工业固体废物产生与处理利用信息	有一般工业固体废物产生的工业企业
G104-2 工业企业危险废物产生与处理利用信息	有危险废物产生的工业企业
G105 工业企业突发环境事件风险信息	生产或使用环境风险物质的工业企业
G106-1 工业企业污染物产排污系数核算信息	采用产排污系数法核算废水或废气污染物产生量或排放量的工业企业
G106-2 工业企业废水监测数据	采用监测数据法核算废水污染物产生或排放量的工业企业
G106-3 工业企业废气监测数据	采用监测数据法核算废气污染物产生或排放量的工业企业
G107 伴生放射性矿产企业含放射性固体物料及废物情况	达到筛选标准的伴生放射性矿产采选、冶炼、加工企业
G108 园区环境管理信息	省级及以上级别工业园区

12.4 污染物排放量的核算方法

两次普查中工业污染源废水或废气污染物产生和排放量核算方法，均主要包括监测数据法（实际监测法）、产排污系数法、物料衡算法。但在核算方法的使用原则上和各类核算方法的使用要求上有所不同。

12.4.1 核算方法的使用原则

12.4.1.1 "一污普"

"一污普"根据重点污染源和一般污染源采用不同的污染物核算方法。

（1）重点污染源以实际监测法和产排污系数法为主核算污染物的产生量和排放量。有符合"监测数据的认定"（见12.4.2）要求的监测数据的重点污染源优先采用实际监测法核算污染物产生量和排放量；没有符合要求的监测数据的重点污染源采用产排污系数法核算污染物产生量和排放量。物料衡算法只在无法采用实际监测法和产排污系数法核算时采用。

（2）一般污染源主要采用产排污系数法核算污染物的产生量和排放量，有符合"监测数据的认定"要求的监测数据的，可采用实际监测法。物料衡算法只在无法采用实际监测法和产排污系数法核算时采用。

（3）采用实际监测法得到污染物产、排污量时，可用产排污系数法进行核算。

（4）若产排污系数法、实际监测法核算的污染物产、排污量出现差异：

如果两种方法核算的污染物产、排污量相对误差小于20%，以实际监测法为准最终核定污染物产、排污量。

如果两种方法核算的污染物产、排污量相对误差大于20%时，应对实际监测法企业的生产工况及生产工艺等进行核实，如实际监测时企业的生产工况不符合相关监测技术规定要求，则以产排污系数法核定产、排污量。例如，产排污系数法适用（工艺水平、规模、原辅材料及产品产量）不符合要求或不合理的，应核准企业的生产工艺，并按照重新核定的工艺水平、规模及产品产量，用产排污系数法核定产、排污量。

例如，监测时生产工况符合相关监测技术规定要求，同时产排污系数的应用正确，则取实际监测法和产排污系数法核定结果中污染物排放量大的数据作为认定数据上报。

（5）核定的污染物产、排污量必须由普查对象与普查机构共同确认。若双方有分歧，普查机构能提供符合技术规定要求的材料，普查对象不予认可时，普查机构有权最终确认其污染物产、排污量上报，并做出说明。

12.4.1.2 "二污普"

"二污普"中工业污染源普查对象污染物核算方法的使用，按照以下先后选取，依次是：

（1）经管理部门审核通过的 2017 年度排污许可证执行报告中的年度排放量。

（2）排污许可证申请与核发技术规范中有污染物排放量许可限值要求的，污染物排放量核算方法与排污许可证申请与核发技术规范中相应污染物实际排放量的核算方法保持一致。

（3）监测数据符合规范性和使用要求的，采用监测数据法核算污染物产生量和排放量。

（4）采用产排污系数法（物料衡算法）核算污染物产生量和排放量。

12.4.2 核算方法的使用要求

两次普查中同类核算方法的具体使用要求有所不同。

12.4.2.1 监测数据法

两次普查中工业污染源污染物核算使用监测数据时的使用顺序、监测数据的认定有所不同。

"二污普"中监测数据的优先采用顺序为自动监测数据＞企业自测数据＞监督性监测数据。而"一污普"中监测数据的优先采用顺序为普查监测数据＞历史监测数据＞在线监测数据；其中的历史监测数据优先采用顺序进一步分为监督监测＞验收监测＞委托监测＞企业自测。

两者对比可见，首先主要的差异在于"二污普"中将自动监测数据，即"一污普"中的在线监测数据的使用优先顺序提前了，这主要是由于，两次普查前后相隔 10 年，也正是生态环境保护高速发展的时期，随着环境管理的不断加严、企业环境保护责任的进一步履行，使企业对排污行业建设自动在线监控设施的范围越来越普遍，同时自动监测数据的质量也大幅提高，已经可以广泛、充分的支撑企业污染物产生和排放量的核算。其次，是企业自行监测数据的应用已经优先于监督监测数据，随着环境监管责任和思路的转变，环境保护部门对企业污染的监督性监测管理在逐渐缩窄，而企业的自行监测的实施和推广正在不断扩大，也是符合现阶段的体现排污单位主体责任的主流管理思路，企业自行监测无论在频次，还是覆盖的排放品、指标范围等方面已经逐步优于监督性监测的频次和范围，代表性更强。

12.4.2.2 产排污系数法

"一污普"时期，采用产排污系数法核算污染物，由第一次全国污染源普查工作办公室印发《产排污系数手册》，明确不可采用其他各类产排污系数或经验系数。根据产品、生产过程中产排污的主导生产工艺、技术水平、规模等，选用相对应的产排污系数，结合企业原、辅材料消耗、生产管理水平、污染处理设施运行情况，确定产污系数和排污系数的具体取值，根据企业 2007 年度的实际产量，核算污染物产、排污量。

"二污普"采用产排污系数法核算污染物时，由第二次全国污染源普查领导小组办公室制定《第二次全国污染源普查工业污染源产排污系数手册》，原则上不采用其他产排污系数或经验系数，地方普查机构组织制定的产排污系数，报国务院第二次全国污染源普查领导小组办公室同意后使用。"二污普"中，企业根据产品、生产工艺、原辅材料、规模等，确定产污系数的具体取值，结合污染处理工艺、污染处理设施运行情况等，确定去除效率，根据企业 2017 年度的实际产量或原辅材料用量，核算污染物产生量和排放量。

由此可见，两次普查中采用产排污系数法核算污染物的主体思路基本相同，有所不同的是，"二污普"中已经不再有"排污系数"，取而代之的是使用"去除效率"，更加体现了污染物产、治、排的逻辑关联，但对该种核算方法的名称，还是沿用了"产排污系数法"。同时，"二污普"在产排污系数手册制定上，补充增加了新的行业类别、污染物指标、生产工艺等，行业类别、生产工艺等进一步细分，较"一污普"产排污系数手册更加精细，更符合现阶段的工业企业污染治理与排放的特征。

12.4.2.3　物料衡算法

物料衡算法是指根据物质质量守恒原则，对生产过程中使用的物料变化情况进行定量分析的一种方法。

"一污普"中，物料衡算法是使用顺序比较靠后的污染物核算方法，只在无法采用实际监测法和产排污系数法核算时采用。

"二污普"中，已经不再作为一种单独的核算方法，而是视为"产排污系数法"的一种特殊情况，使用顺序同产排污系数法，但未作单独的使用要求的规定，如基于燃料含硫量核算燃料燃烧废气中二氧化硫产、排量，以及基于含挥发性有机物（VOCs）原辅材料VOCs 含量核算使用含挥发性有机物原辅材料时废气中 VOCs 产、排量的过程，均属于物料衡算法。

第三篇
集中式污染治理设施普查技术研究

第 13 章

指标体系设计总体思路和原则

13.1 设计原则

以实现普查目的为目标，以科学化、精细化、系统化、信息化和法制化为基本原则，以支撑未来精细化环境管理为出发点，以满足"查得清、可核证、行得通"的基本要求，遵循以下原则，科学编制技术规定和报表制度，为"二污普"提供强有力的技术支持。

13.1.1 落实普查工作目标，注重目的性

普查工作目标为摸清各类污染源基本情况，了解污染源数量、结构和分布状况，掌握国家、区域、流域、行业污染物产生、排放和处理情况，建立健全重点污染源档案、污染源信息数据库和环境统计平台，为加强污染源监管、改善环境质量、防控环境风险、服务环境与发展综合决策提供依据。要紧密围绕普查目标和《第二次全国污染源普查方案》中确定的普查内容制定普查技术规定和普查表。

13.1.2 指标设计合理适用，注重全面性

注重普查内容的全面性、整体性，在保证实现普查工作目标的前提下，适当增加服务于精细化环境管理所需的信息，以及污染物产生和排放量核算的基本活动水平信息，为日后的环境监管提供基础（信息）。同时，尽可能简化报表设计，减轻普查对象和普查员的负担。

13.1.3 充分利用已有信息，注重普适性

技术规定引用内容应与国家现行的政策、法规、标准、意见中的规定和要求相一致，同时按照信息共享、厉行节约、提高效率的要求，充分利用现有统计、监测和各专项调查资料。有涉及相关部门的指标，尽量采用其主管部门的信息和表达方式，便于普查对象的理解和填报。

13.1.4　统筹考虑制度衔接，注重统一性（兼容性）

在报表设计和污染物核算方法规定上，与环境统计、污染源清单编制、排污许可证制度等统筹考虑，使指标内涵和污染物核算方法基本保持一致，便于普查工作与各项管理制度的衔接。

13.2　总体思路

以"十三五"环境统计调查制度为基础，在保证完成国务院确定的普查工作目标的前提下，增加管理部门日常环境管理所需的一些基本信息，为下一步精细化管理提供依据。

13.2.1　细化调查范围，体现差异

普查范围较日常的环境统计范围扩大，由城镇范围扩大至农村，受南北方自然环境和经济发展水平影响，城乡基础设施建设水平、建设规模和管理水平差距较大，根据普查对象的特点，细化调查对象范围和要求，划定普查规模（底线），采取不同技术路线设计报表制度，为城乡环境管理决策提供参考。

13.2.2　覆盖所有治理技术，了解现状

围绕精细化管理需求，对集中式污染治理设施的处理工艺及技术进行全面的普查，掌握各种治理工艺的应用范围及分布、新技术的应用程度，以及相关政策的落实情况，为政策分析提供基础来源。

13.2.3　强化综合利用，体现导向

集中式污染治理设施在解决居民生活及第三产业的污染时也形成了二次污染物，为促进资源的再循环利用，指标设计中对污水和固体废物的再处理中设置再生利用指标，引导企业提高认识，增强环保意识。

13.2.4　系统内各制度统筹，信息共享

按照《中华人民共和国统计法》《中华人民共和国环境保护法》《全国污染源普查条例》等法律法规，落实企业如实报送统计数据的主体责任，环境保护部门负责数据填报的技术指导和监督，保证企业按照统一核算方法计算污染物产生、排放情况，尽量与排污许可制、环境统计等数据核算方法的一致性、合规化。

13.3　指标体系总体框架

集中式污染治理设施是对居民生活和第三产业活动产生的污染物，以及企业生产排放的污染物集中进行处理的设施，《第二次全国污染源普查方案》规定了普查的对象为集中处理处置生活垃圾、危险废物和污水的单位。集中式污染治理设施处理工艺流程短、中间环节少、排放口少、排放很集中，普查表不必按水、气和固体废物等要素单独设计普查表。因普查的内容较多，如一个调查对象 1 张表，则表式太长，"二污普"报表分为 3 部分：基本信息、运行情况和排放口监测信息。根据核算方法，污染物排放按排放口进行调查，垃圾处理厂和危险废物集中处置厂共用同一套监测表和污染物核算结果表，污水处理厂不调查污染物排放量，只统计污染物去除量，单独使用一套监测数据调查表。污染物核算结果表由普查信息系统自动形成，不需要填报，见表 13-1。

表 13-1　集中式污染治理设施普查对象及范围

序号	表名	表号
1	集中式污水处理厂基本情况	J101-1
2	集中式污水处理厂运行情况	J101-2
3	集中式污水处理厂污水监测数据	J101-3
4	生活垃圾集中处置场（厂）基本情况表	J102-1
5	生活垃圾集中处置场（厂）运行情况	J102-2
6	危险废物集中处置厂基本情况	J103-1
7	危险废物集中处置厂运行情况	J103-2
8	生活垃圾/危险废物集中处置厂（场）废水监测数据	J104-1
9	生活垃圾/危险废物集中处置厂（场）焚烧废气监测数据	J104-2
10	生活垃圾/危险废物集中处置厂（场）污染物排放量	J104-3

13.3.1　一类普查对象设计一套普查表

集中式污染治理设施相对工业污染源而言，处理工艺简单，废水、废气处理方法基本一致，在普查表设计时对同一类普查对象设计一套普查表，不再进行细分，即污水处理厂、生活垃圾处理厂和危险废物集中处置厂各一套表。例如，危险废物集中处理处置厂普查表，"一污普"分别设计工业危险废物处理厂和医疗垃圾处理厂两套表，"二污普"将两套表合并为一套表，主要考虑两个方面：一是考虑目前一些危险废物处置厂既处理工业危险废物，又处理医疗废物和科研及生活过程中产生的危险废物，普查时同一家企业需填报两套表，污染物产排量容易重复填报；二是工业危险废物和医疗废物既可采用相同的处理、处置的方式和方法，如焚烧，又可采用特有的方式，在报表设计时通过"勾选"来实现。

13.3.2 根据普查对象的类型或处理方式，确定（选择）填报的内容

同一类型的普查对象采用的处理方式不同，填报的内容不同。报表设计采用环境统计报表的方式，规定不同的普查对象只需填写对应的普查信息，不相关的信息禁止填报，并通过软件设计来实现。如垃圾处理厂普查对象包括焚烧厂、填埋场、堆肥厂等；如普查对象垃圾处置方式选择为"填埋"，需填写与废水处理有关的设施和废水监测的内容，与废气有关的信息将无法填入。

集中式污染治理设施报表制度共 10 张表，共分为 3 类报表：

（1）基本信息表 3 张，分别为集中式污水处理厂基本情况、生活垃圾集中处置场（厂）基本情况和危险废物集中处置厂基本情况，调查企业的属性、处理处置方式、排放口情况及在线监测设施的安装情况等。

（2）运行情况表 3 张，调查企业的活动水平，包括治理设施的实际处理量、能源消费情况及处理过程再次生成的污染物的排放及治理情况。

（3）监测信息及排放量结果表 4 张，包括废水监测数据表 2 张、废气监测数据表 1 张和污染物排放量核算结果表 1 张。监测信息包括废水或废气的排放量、主要污染物的监测浓度，以及污染物的排放量。

第 14 章

污水处理厂指标体系设计思路

14.1 设计思路

根据"二污普"的目的和目标，在分析比较《"十三五"环境统计报表制度》《城市（县城）和村镇建设统计调查制度》及第一次全国污染源污水处理厂普查表的基础上，结合目前生态环境管理的需求，设计形成"二污普"集中污水处理单位的指标体系，见表 14-1。

表 14-1　各项统计调查中集中式污水处理单位内容

技术内容	"一污普"	环境统计	城市（县城）和村镇建设统计调查
普查对象和范围	城镇污水处理厂 工业废污水集中处理设施 其他污水处理设施	城镇污水处理厂 工业污水处理厂 其他污水治理设施 农村污染治理设施（简单调查，仅包括处理方法、处理能力和处理量 3 项）	城市（县城）污水处理厂及其他治理设施 建制镇污水处理厂及其他治理设施 乡污水处理厂及其他治理设施
调查污染物	化学需氧量、氨氮、石油类、总氮、总磷、五日生化需氧量、挥发酚、氰化物、砷、总铬、六价铬、铅、镉、汞 14 项污染物	排放标准中规定的控制污染物	无
调查主要内容	污水处理厂基本情况：数量、处理能力、处理量 污水处理工艺情况 污泥产生和处置情况 污染物排放和监测情况	数量、处理能力、处理水量、污泥产生和处置、污染物去除情况等	城市（县城）污水处理厂：数量、处理能力、处理量、污泥产生和处置量 建制镇和乡污水处理厂：数量、处理能力、处理率 其他污水处理装置：只调查处理能力，没有数量和处理量

分析生态环境统计、城乡建设统计和"一污普"中集中式污水处理单位普查（调查）对象与范围、调查的污染物、调查内容等基本情况，可以看出：生态环境部门的环境统计以及"一污普"中污水处理单位是以污水处理单位的类型来进行区分，住房和城乡建设部门的城市（县城）和村镇建设统计调查对象是以所在区域分类的；关于调查的对象，生态环境部门的环境统计以及"一污普"中，除农村污水治理设施外，其他几类不同污水处理单位的调查内容是一致的，住房和城乡建设部门的不同调查对象的调查内容不同，城市（县城）污水处理厂调查内容较全面；关于调查的污染物，生态环境部门规定了特定的 10 多项污染物或按照《城镇污水处理厂污染物排放标准》及地方排放标准规定的污染物，住房和城乡建设部门无污染物情况的调查。

"一污普"和"十二五"环境统计的调查范围均是城镇污水处理厂，工业废水集中处理厂及矿区、机场、度假区等特殊区域的污水处理设施。"十三五"环境统计将农村污水处理厂纳入了调查，但相对城镇污水处理厂的调查内容，农村污水处理厂的调查内容只有污水处理厂名称、处理方法、处理能力和实际处理量 4 项指标。

同时，为落实《中共中央 国务院关于推进社会主义新农村建设的若干意见》有效防治农村生活污染，改善农村生态环境，根据《中华人民共和国环境保护法》《中华人民共和国水污染防治法》等相关法律法规，推动社会主义新农村建设，保护和改善农村环境，防治农村生活污染，提高农村生活质量和健康水平，全面推进农村生活污水治理，强化农村生活污水处理设施建设和运行监管，掌握农村污水处理设施建设、运行和监测情况，在"二污普"中增加了农村集中式污水处理设施的普查内容，为保证代表性，将具有一定规模的农村污水处理厂纳入调查。

2013 年，环境保护部发布了《村镇生活污染防治最佳可行技术指南（试行）》(HJ-BAT-9)，建议农村应分类建设污水处理设施，依据村庄或村镇的规模或居住人口数量，建设污水集中收集系统，将全村污水进行集中收集后统一处理，将村庄污水集中收集规模界定为服务人口 50~5 000 人，服务家庭数 10~1 000 户，污水收集量 5~500 立方米/日；村镇污水收集规模通常为服务人口 5 000~10 000 人，服务家庭数 1 000~5 000 户，污水收集量 500~1 000 立方米/日，见表 14-2。

表 14-2　村镇居民人均生活污水量　　　　　　　　单位：升/（人·日）

类型	黑水	灰水		生活污水
		南方	北方	黑水、灰水的混合水
村庄（人口≤5 000 人）	20	45~110	35~80	80
村镇（人口5 000~10 000 人）	30	85~160	70~125	100

根据 2016 年全国环境统计结果，农村有污水处理厂 1 427 家，设计处理能力 100 吨/日以上的污水处理厂（设施）845 座，占农村污水处理厂数量的 59.2%，50 吨/日以下的污水处理厂（设施）582 座，占比为 40.8%。但从实际处理量统计结果来看，日处理量超过 100吨的污水处理厂 539 座，占比为 37.8%。实际日处理量超过 50 吨的 787 座，占比为 55.2%，有 96%的农村集中式污水处理厂设计处理能力超过 10 吨/日，见表 14-3。

表 14-3　2016 年环境统计农村污水处理设施情况

处理能力（吨/日）	数量（个）	实际处理量（吨/日）	数量*（个）
全国汇总	1 427	全国汇总	1 427
≥5 000	16	≥5 000	5
1 000~5 000	107	1 000~5 000	49
500~1 000	180	500~1 000	69
100~500	542	100~500	416
50~100	261	50~100	248
10~50	264	10~50	421
<10	57	<10	219

注：*其中有 49 座污水处理厂实际处理量为 0。

2016 年中国城乡建设统计年鉴（以下简称城建年鉴）公布的数据，城市污水处理厂2 039 座，处理能力 14 910 万立方米/日；县城污水处理厂 1 513 座，处理能力 3 036 万立方米/日；建制镇污水处理厂 3 409 座，处理能力 1 423 万立方米/日，污水处理装置 12 421 个，处理能力 1 041 万立方米/日；乡污水处理厂 441 个，处理能力 25.7 万吨/日，污水处理装置 2 093个，处理能力 38.1 万吨/日，污水处理装置处理能力平均为 182 吨/日。全国对生活污水进行处理的乡占 9.04%，见表 14-4。

全国行政村 52.62 万个，集中供水的村 35.16 万个，占行政村的 68.7%，对生活污水进行处理的行政村 10.5 万个，占比为 20.0%，见表 14-5。

表 14-4　2016 年度全国污水处理厂建设情况统计

区域	污水处理厂数量（个）		处理能力（万立方米/日）		污水处理装置（个）	处理能力（万立方米/日）
数据来源	城建年鉴	环境统计	城建年鉴	环境统计	城建年鉴	
城市	2 039	6 361	14 910	20 780	—	—
县城	1 513		3 036		—	—
建制镇	3 409		1 423		12 421	1 041
乡	441	1 422	25.7	60.6[3]	2 093	38.1
特殊区域[1]	135	[2]	24.8	[2]	162	18.0
合计	7 537	7 788	19 419.5			

注：①特殊区域指污水不能纳入城镇污水管网进行处理的矿区、机场、火车站、度假区等区域。
　　②特殊区域的统计量均已计入城镇范围内。
　　③包括农村污水处理设施。

表 14-5　2016 年度行政村供水与污水处理情况

项目	合计	<500 人	500~1 000 人	>1 000 人
行政村数（个）	526 160	92 575	153 663	279 922
占比（%）	—	17.6	29.2	53.2
集中供水的行政村（%）	68.7	—	—	—
对生活污水处理的行政村（%）	—	20.0	—	—

"十二五"期间在总量减排工作的大力推动下，城镇污水处理厂建设和运行管理水平得到大幅提升，统计机制也较完善，而农村污水处理厂的监测、统计机制尚未形成，污水集中收集和处理率很低。综合考虑环境统计和城建统计数据，并参考环境保护部《村镇生活污染防治最佳可行技术指南（试行）》（HJ-BAT-9），以 100 人作为一个基线考虑。100 人的生活污水产生量为 10 吨/日，即调查设计能力为 10 吨/日以上（含）的农村污水处理厂，从而明确了农村集中式污水处理设施的定义和能力范围：农村集中式污水处理设施指乡、村通过管道、沟渠将乡或村污水进行集中收集后统一处理的污水处理设施或处理厂，其中设计处理能力≥10 吨/日（或服务人口≥100 人，或服务家庭数≥20 户）的污水处理设施或污水处理厂纳入普查。

基于以上的分析，"二污普"集中污水处理单位的指标体系内容包括城镇污水处理厂、工业污水集中处理厂、农村集中式污水处理设施、其他污水处理设施；普查的内容与环境统计相似，包括集中式污水处理单位的基本情况、运行情况、监测情况；普查的调查污染物根据《第二次全国污染源普查方案》的要求，确定普查调查的污染物为化学需氧量、五日生化需氧量、动植物油、总氮、氨氮、总磷、挥发酚、氰化物、总砷、总铅、总镉、总铬、六价铬和总汞 14 项污染物的进口、排放浓度情况。

污水处理厂作为公共污染处理设施，集中处理居民生活和第三产业产生的生活污水，减少污染物的排放，同时又会形成二次污染，如污泥。在"二污普"中，与"一污普"不同，污水处理厂污染物排放量更改为污染物削减情况，污水处理厂作为处理生活污水以及部分工业污水的主体，对污染物的去除情况更需多关注，同时污染物削减情况是由污染物的进厂量与排放量来确定的，更能反映出污水处理厂的运行总体情况。污水处理厂虽作为固定污染源进行普查，但污染物的排放量却不作为固定污染源排放量统计，污水处理厂污染物的去除量作为生活源核算的基础，因此在报表设计时，侧重污染物的去除以及二次污染物的处置。

污水处理厂辅助设施，如生活用或加热使用的锅炉等，纳入非工业企业单位锅炉调查。

14.2　普查指标体系

14.2.1　基于普查方案内容的指标设计

根据《第二次全国污染源普查方案》，集中式污水处理单位的普查内容包括：

（1）普查对象基本信息包括单位名称、统一社会信用代码、位置信息等；

（2）能源消耗情况包括燃料、电力等消耗情况；

（3）污水处理设施基本情况和运行状况包括处理方法、处理工艺、处理能力、实际处理量、排放口的基本信息（包括污水排放去向及排放口位置，以及锅炉废气排放口位置、高度和直径等）、在线监测设施的安装、运行情况等；

（4）二次污染的产生、治理和排放情况包括污泥、废气等的处理、处置和综合利用情况；

（5）主要污染物产生与排放情况。污水主要污染物监测结果：废水排放量、化学需氧量、氨氮、总氮、总磷、五日生化需氧量、动植物油、挥发酚、氰化物、砷、铅、镉、总铬、六价铬、总汞。

固体废物：污水处理设施产生的污泥、锅炉产生的炉渣。

基于普查内容要求，将污水处理厂分为4种类型调查，按区域分为城镇污水处理厂、工业污水集中处理厂、农村集中式污水处理设施和其他污水处理设施。近年来，随着工业园区和工业集聚区建设，以处理工业废水的处理厂建设发展很快，在接收工业废水的同时，对该地区的生活污水一起收集进行处理，在设计普查报表时将其纳入污水处理厂普查。各类污水处理厂的界定如下：

城镇污水处理厂是指对进入城镇污水收集系统的污水进行净化处理的污水处理厂。城镇污水是指城镇居民生活污水，机关、学校、医院、商业服务机构及各种公共设施排水，以及允许排入城镇污水收集系统的工业废水和初期雨水等。

工业污水集中处理厂是指提供社会化有偿服务、专门从事为工业园区、联片工业企业或周边企业处理工业废水（包括一并处理周边地区生活污水）的集中设施或独立运营的单位；不包括企业内部的污水处理设施。

农村集中式污水处理设施是指乡、村通过管道、沟渠将乡建成区或全村污水进行集中收集后统一处理的污水处理设施或处理厂。

其他污水处理设施是指不能纳入城市污水收集系统的居民区、风景名胜区、度假村、疗养院、机场、铁路、车站以及其他人群聚集地排放的污水进行就地集中处理的设施。

14.2.2　基于管理需求的指标设计

根据集中式污染治理设施普查的总体思路，增加管理部门精细化管理所需的一些基本信息，与污染物排放无直接关联的内容不考虑。

14.2.2.1　调查集中式污染治理设施排放口的基本信息

增加废水排放口进入环境水体时的地理坐标，一是为环境质量评价和改善提供污染物来源信息；二是为将来进行环境质量预警预报服务。

14.2.2.2　调查在线监测设施的安装、运行情况

对集中式污水处理单位的废水自动在线监测设施安装情况、监测项目进行调查。目前，废水在线监测项目主要有化学需氧量、氨氮、总氮、总磷，环境保护部《重金属污染综合防治"十二五"规划》中提出要将重金属相关企业自动在线监测装置安装情况纳入数据库，实施综合分析、动态管理。考虑到一些工业集聚区、工业园区的集中式工业污水处理厂排放的特殊性，又增加了重金属自动在线监测设备安装情况调查，一是了解和掌握全国各地落实水污染防治法等要求安装在线设施的情况；二是为将来核算排污许可量、征收环境税额度采用监测数量的来源提供依据。

14.2.2.3　调查污水再生利用情况

2002 年，国家建设部为贯彻我国水污染防治和水资源开发利用的方针，制定了《城市污水再生利用》系列标准，包括《城市污水再生利用 城市杂用水水质》《城市污水再生利用 景观环境用水水质》《城市污水再生利用 补充水源水质》《城市污水再生利用 工业用水水质》，鼓励城市污水再生利用，实现城市污水资源化，减轻污水对环境的污染。2016 年住房和城乡建设部和环境保护部联合印发的《全国城市生态保护与建设规划（2015—2020 年）》明确提出"十三五"城市再生水利用率不低于 20%。因此，将污水再生利用情况列为普查的内容。

再生水利用只考虑已有再生利用水质标准的几种利用方式，其中，污水作为补充水源的界定比较困难，在报表设计时，未将其列入普查的内容。

14.2.2.4　调查污泥处置情况

2010 年，环境保护部发布了《城镇污水处理厂污泥处理处置污染防治最佳可行技术指南（试行）》，作为污泥处置的指导性文件，污泥处置技术包括土地利用和污泥焚烧。2011 年住房和城乡建设部与国家发展和改革委员会联合印发了《城镇污水处理厂污泥处理处置

技术指南》，污泥处置方式及相关技术包括污泥土地利用、污泥焚烧与协同处置技术、建材利用技术和污泥的填埋 4 大类。综合分析现状的基础上，将普查表的污泥处置方式分为 4 大类：土地利用、填埋处置、建筑材料利用和焚烧处置。土地利用指将处理后的污泥作为肥料或土壤改良材料，用于园林、绿化或农业等；填埋处置指采取工程措施将处理后的污泥集中堆、填、埋于场地内的安全处置方式；建筑材料利用指将处理后的污泥作为制作建筑材料的部分原料；焚烧处置指利用焚烧炉使污泥完全矿化为少量灰烬的处置方式。

14.2.2.5　删减非普查目标的指标

污染源普查专业性强、工作量大、企业专业力量薄弱，通过对"一污普"工作总结的梳理，对日常环境统计指标使用情况的调查分析，结合本次普查的工作目标和普查方案的设计原则，对与普查目标无直接关系的内容进行减化，取消了环保投资（累计完成投资、新增固定资产、本年运行费用等）等与污染物产生、排放无关的指标内容，以提高填表效率。

14.2.2.6　明确普查的污染物种类

污水处理厂增加废气污染物排放调查。"一污普"和环境统计调查污水处理厂污染物排放信息均未考虑废气污染物的排放情况，本次普查污水处理厂增加废气污染物调查，主要从两个方面考虑：一是北方城市为保证职工的冬季取暖，厂区内建有供热锅炉；二是污水处理厂为确保冬季污水处理效果，建设锅炉提供热源保证污水的温度和生物菌的活性。这些锅炉排放的污染物往往未纳入统计。本次污水处理厂的锅炉废气污染物在"S103 非工业企业单位锅炉污染与防治情况"中予以调查废气监测结果及颗粒物、二氧化硫、氮氧化物等主要污染物排放量，补充了以往统计漏失的部分。

14.2.3　基于报表格式的指标设计

"一污普"污水处理厂普查表式分为 3 部分：污水处理厂基本情况表 J501、污染物排放量普查表 J501-1、污水监测表 J501-2。以"一污普"污水处理厂普查表式为基础，借鉴"十三五"环境统计报表制度的内容，形成"二污普"集中式污水处理单位的普查表 3 张。

基于普查内容，"二污普"集中式污水处理单位的普查表包括 J101-1 表基本情况、J101-2 表运行情况、J101-3 表污水监测数据。集中式污水处理单位参照环境统计，重点考察污染物的削减情况，其中城镇污水处理厂、工业污水集中处理厂、其他污水处理设施计算污染物削减量，农村集中式污水处理设施计算区县污染物的削减效率，在核算环节中予以计算和体现。

将目前污水处理的工艺进行了梳理，归类为物理处理法、化学处理法、物理化学处理法、好氧生物处理法、厌氧生物处理法和稳定塘、人工湿地及土地处理法等 6 大类 37 个方法。废水处理方法名称及代码见表 14-6。

表 14-6　废水处理方法名称及代码

代码	处理方法名称	代码	处理方法名称	代码	处理方法名称
1000	物理处理法	4000	好氧生物处理法	6000	稳定塘、人工湿地及土地处理法
1100	过滤分离	4100	活性污泥法	6100	稳定塘
1200	膜分离	4110	A/O 工艺	6110	好氧化塘
1300	离心分离	4120	A^2/O 工艺	6120	厌氧塘
1400	沉淀分离	4130	A/O^2 工艺	6130	兼性塘
1500	上浮分离	4140	氧化沟类	6140	曝气塘
1600	蒸发结晶	4150	SBR 类	6200	人工湿地
1700	其他	4160	MBR 类	6300	土地渗滤
2000	化学处理法	4170	AB 法		
2100	中和法	4200	生物膜法		
2200	化学沉淀法	4210	生物滤池		
2300	氧化还原法	4220	生物转盘		
2400	电解法	4230	生物接触氧化法		
2500	其他	5000	厌氧生物处理法		
3000	物理化学处理法	5100	厌氧水解类		
3100	化学混凝法	5200	定型厌氧反应器类		
3200	吸附	5300	厌氧生物滤池		
3300	离子交换	5400	其他		
3400	电渗析				
3500	其他				

　　根据普查对象的类型或处理方式，确定（选择）填报的内容，在设计普查表时，规定不同的普查对象只需填写对应的普查信息，不相关的信息无须填报。

　　根据集中式污染治理设施指标体系总体框架，污水处理厂普查表包括污水处理企业基本信息表、运行情况表和监测信息表。普查内容见表中所列指标。

集中式污水处理厂基本情况

表　　号： J101-1 表

制定机关： 国务院第二次全国污染源
普查领导小组办公室

批准机关： 国家统计局

批准文号： 国统制〔2018〕103 号

2017 年　有效期至： 2019 年 12 月 31 日

01.统一社会信用代码	□□□□□□□□□□□□□□□□□□（□□） 尚未领取统一社会信用代码的填写原组织机构代码号：□□□□□□□□（□□）
02.单位详细名称	
03.运营单位名称	
04.法定代表人	
05.区划代码	□□□□□□□□□□□□
06.详细地址	＿＿＿＿ 省（自治区、直辖市）　＿＿＿＿ 地（区、市、州、盟） ＿＿＿＿ 县（区、市、旗）　＿＿＿＿ 乡（镇） ＿＿＿＿ 街（村）、门牌号
07.企业地理坐标	经度：＿＿＿ 度＿＿＿ 分＿＿＿ 秒　纬度：＿＿＿ 度＿＿＿ 分＿＿＿ 秒
08.联系方式	联系人：　　　　　　　　　电话号码：
09.污水处理设施类型	□ 1 城镇污水处理厂　　　　　2 工业污水集中处理厂 3 农村集中式污水处理设施　4 其他污水处理设施
10.建成时间	□□□□ 年□□ 月
11.污水处理方法（1）	名称：　　　　　　　　代码：□□□□
污水处理方法（2）	名称：　　　　　　　　代码：□□□□
污水处理方法（3）	名称：　　　　　　　　代码：□□□□
12.排水去向类型	□
13.排水进入环境的地理坐标	经度：＿＿＿ 度＿＿＿ 分＿＿＿ 秒　纬度：＿＿＿ 度＿＿＿ 分＿＿＿ 秒
14.受纳水体	名称：　　　　　　　　代码：
15.是否安装在线监测（未安装不填）	进口（多选）□ □ □ □ □ □ 1 流量　2 化学需氧量　3 氨氮　4 总氮　5 总磷　6 重金属 出口（多选）□ □ □ □ □ □ 1 流量　2 化学需氧量　3 氨氮　4 总氮　5 总磷　6 重金属
16.有无再生水处理工艺	□　　1 有　　　2 无（选择"有"，须填报 J101-2 表第 06~09 项指标）
17.污泥稳定化处理（自建）	□　　1 有　　　2 无
其中：污泥厌氧消化装置	□　　1 有　　　2 无（选择"有"，须填报 J101-2 表第 11、12 指标）
18.污泥稳定化处理方法	□ 1 一级厌氧　2 二级厌氧　3 好氧消化　4 堆肥　5 其他
19.厂区内是否有锅炉	□　　1 有　　　2 无 （选择"有"，须按照非工业企业单位锅炉污染及防治情况 S103 表填报锅炉信息）

单位负责人：　　　　统计负责人（审核人）：　　　　填表人：　　　报出日期：20 　年 　月 　日

集中式污水处理厂运行情况

表　　号：　　J101-2 表

制定机关：　国务院第二次全国污染源

普查领导小组办公室

批准机关：　　　国家统计局

批准文号：　国统制〔2018〕103 号

有效期至：　2019 年 12 月 31 日

统一社会信用代码：□□□□□□□□□□□□□□□□□□（□□）

组织机构代码：□□□□□□□□□（□□）

单位详细名称（盖章）：

运营单位名称：　　　　　　　　　　　2017 年

指标名称	计量单位	代码	指标值
甲	乙	丙	1
年运行天数	天	01	
用电量	万千瓦时	02	
设计污水处理能力	立方米/日	03	
污水实际处理量	万立方米	04	
其中：处理的生活污水量	万立方米	05	
再生水量	万立方米	06	
其中：工业用水量	万立方米	07	
市政用水量	万立方米	08	
景观用水量	万立方米	09	
干污泥产生量	吨	10	
污泥厌氧消化装置产气量（有厌氧装置的填报）	立方米	11	
污泥厌氧消化装置产气利用方式	—	12	□ 1 供热　2 发电　3 其他
干污泥处置量	吨	13	
自行处置量	吨	14	
其中：土地利用量	吨	15	
填埋处置量	吨	16	
建筑材料利用量	吨	17	
焚烧处置量	吨	18	
送外单位处置量	吨	19	

单位负责人：　　　　统计负责人（审核人）：　　　　填表人：　　　　报出日期：20　年　月　日

集中式污水处理厂污水监测数据

表　　号：　　　J101-3 表
制定机关：　国务院第二次全国污染源
　　　　　　普查领导小组办公室
批准机关：　　　国家统计局
批准文号：　国统制〔2018〕103 号
有效期至：　2019 年 12 月 31 日

统一社会信用代码：□□□□□□□□□□□□□□□□□□（□□）
组织机构代码：□□□□□□□□□（□□）
单位详细名称（盖章）：
废水排放口编号：□□□□□　　　　2017 年

指标名称	计量单位	代码	监测方式	年平均值	最大月均值	最小月均值
甲	乙	丙	1	2	3	4
排水流量	立方米/时	01	□			
化学需氧量进口浓度	毫克/升	02	□			
化学需氧量排口浓度	毫克/升	03	□			
生化需氧量进口浓度	毫克/升	04	□			
生化需氧量排口浓度	毫克/升	05	□			
动植物油进口浓度	毫克/升	06	□			
动植物油排口浓度	毫克/升	07	□			
总氮进口浓度	毫克/升	08	□			
总氮排口浓度	毫克/升	09	□			
氨氮进口浓度	毫克/升	10	□			
氨氮排口浓度	毫克/升	11	□			
总磷进口浓度	毫克/升	12	□			
总磷排口浓度	毫克/升	13	□			
挥发酚进口浓度	毫克/升	14	□			
挥发酚排口浓度	毫克/升	15	□			
氰化物进口浓度	毫克/升	16	□			
氰化物排口浓度	毫克/升	17	□			
总砷进口浓度	毫克/升	18	□			
总砷排口浓度	毫克/升	19	□			
总铅进口浓度	毫克/升	20	□			
总铅排口浓度	毫克/升	21	□			
总镉进口浓度	毫克/升	22	□			
总镉排口浓度	毫克/升	23	□			
总铬进口浓度	毫克/升	24	□			
总铬排口浓度	毫克/升	25	□			
六价铬进口浓度	毫克/升	26	□			
六价铬排口浓度	毫克/升	27	□			
总汞进口浓度	毫克/升	28	□			
总汞排口浓度	毫克/升	29	□			

单位负责人：　　　　统计负责人（审核人）：　　　　填表人：　　　　报出日期：20　年　月　日

第 15 章

生活垃圾处理场设计思路

15.1　设计思路

根据集中式污染治理设施"体现差异、信息共享"的总体原则，参考国家有关生活垃圾处理的政策及住房和城乡建设部"城市（县城）和村镇建设统计调查制度"的内容和定义，进一步细化普查的范围和对象、处置方式，增加污染物排放量核算所需的基本活动水平信息，解决当前生活垃圾处理厂废水和废气监测能力不足，无法核算污染物排放量的情况。

15.1.1　基于普查对象，细化普查范围

15.1.1.1　县级（含）以上垃圾处理厂全部纳入普查

国务院办公厅《关于改善农村人居环境的指导意见》（国办发〔2014〕25 号）提出了农村生活垃圾可按照"户分类、村收集、镇转运、县处理"的处理模式。2015 年年底，住房和城乡建设部联合 10 部门出台了《全面推进农村垃圾治理的指导意见》，到 2020 年全国 90%以上村庄的生活垃圾得到有效治理，优先利用城镇处理设施处理农村生活垃圾，推进卫生化的填埋、焚烧、堆肥或沼气处理等方式，禁止露天焚烧垃圾，逐步取缔二次污染严重的简易填埋设施以及小型焚烧炉等。

生活垃圾无害化处理方式主要包括卫生填埋、焚烧、堆肥，另外还有生化处理等，处理场（厂）设计、建设及处理工艺等均应达到环境保护要求。根据《中国城乡建设统计年鉴 2016》公布的数据，城市生活垃圾无害化处理率为 98%，县城垃圾无害化处理率为 92%，乡垃圾无害化处理率仅为 17%。在江苏、浙江等发达地区的农村，农村垃圾收集后与城镇垃圾统一处理的现象比较普遍，而在西部地区，分散式处理的模式比较常见，一般为简易填埋、露天焚烧、简易焚烧炉焚烧等处理方式。

根据"户分类、村收集、镇转运、县处理"的垃圾处理模式，本次普查确定将县级垃圾处理场（厂）全部纳入普查，包括简易处理场。对于县以下（乡或镇）垃圾处理厂，有

条件的可以开展调查。

15.1.1.2 协同处置生活垃圾企业纳入集中式生活垃圾处理厂普查

近年来，很多城市生活垃圾通过焚烧发电处理，根据国民经济行业分类，焚烧发电属于其他能源发电类，行业代码为 4419，大类属于工业类，环境统计将焚烧发电企业纳入工业污染源（电力行业）调查。2014 年《水泥窑协同处置固体废物污染控制标准》（GB 30485—2014）正式实施，利用水泥窑协同处置生活垃圾的企业有了合法的身份。按照国民经济行业分类，水泥行业归属工业污染源，行业代码为 3011，环境统计将其纳入工业污染源（水泥行业）的调查范围。为了全面了解和掌握垃圾焚烧发电和单纯垃圾焚烧企业的数量和分布，在确定调查范围时规定：垃圾焚烧发电企业和水泥窑协同处置生活垃圾企业也纳入集中式调查范围。考虑到该类企业在工业污染源普查时已填报污染物排放量，为避免重复统计，允许在填报集中式调查表时只填写企业的基本信息和垃圾处理量，不再填写污染物排放量。

15.1.1.3 符合国家建设标准的餐厨垃圾处理厂纳入调查范围

餐厨垃圾包括厨余垃圾和餐饮垃圾，处理方法主要有物理法、化学法、生物法等，处理技术有填埋、焚烧、堆肥、发酵等。

2012 年年底，住房和城乡建设部发布了《餐厨垃圾处理技术规范》（CJJ 184—2012），对餐厨垃圾处理行业的建设、管理、运行进行了规范，要求餐厨垃圾处理厂生产线工艺流程的设计应满足餐厨垃圾资源化、无害化处理的需要，做到工艺完善、流程合理、环保达标；餐厨垃圾处理过程中产生的污水应得到有效收集和妥善处理，不得污染环境；餐厨垃圾处理过程中产生的废渣应得到无害化处理。

环境统计从未对餐厨垃圾处理厂开展过调查，随着人民生活水平的不断提高，日常生活垃圾中餐厨垃圾所占比例也越来越大，为了解目前餐厨垃圾处理的发展情况、处理能力、主要处理工艺方法等，为餐厨垃圾处理发展和管理提供借鉴和依据，"二污普"将生活垃圾集中处理处置单位将餐厨垃圾处理厂纳入调查。

餐厨垃圾调查主要以资源化和无害化处理厂为普查对象，因此在确定处理方式只选择了两种处置方式，一是通过厌氧发酵方式处理餐厨垃圾的企业；二是通过生物分解和利用餐厨垃圾的企业。对于采用堆肥和填埋方式处理餐厨垃圾的企业，一般常与城市生活垃圾填埋场建在一起，这类企业处理的餐厨垃圾归入垃圾处理场统计，不再单独统计。对于一些工艺流程过于简单，无法满足餐厨垃圾资源化、无害化处理需要的企业单位，例如单纯进行油脂分离、提炼，未对提炼出的油脂及提炼后的废渣进行资源化、无害化处理的企业单位，不纳入本次普查范围。

单位或居民区设置的小型厨余垃圾处理设备不属于生活垃圾集中处理处置单位，不纳入本次普查。

15.1.1.4　建筑垃圾处理场不纳入普查范围

《第二次全国污染源普查方案》规定集中式普查对象为处理处置生活垃圾的处理场（厂）。住房和城乡建设部《城市（县城）和村镇建设统计报表制度》对生活垃圾的界定为"在日常生活中或者为日常生活提供服务的活动中产生的固体废物以及法律、行政规定视为城市生活垃圾的固体废物。包括居民生活垃圾、商业垃圾、集贸市场垃圾、清扫街道和公共场所的垃圾、机关、学校、厂矿等单位的生活垃圾等。"建筑垃圾不属于生活垃圾范畴，本次普查未将建筑垃圾处理处置厂纳入普查范围。

15.1.2　基于核算方法，细化垃圾处置方式和核算指标

垃圾处理场（厂）废水和废气排放监测能力普遍不足，为解决污染物排放量核算问题，"二污普"对垃圾处理场（厂）制定了详细的产排污系数，系数按垃圾处理处置方式分别制定，包括生活垃圾填埋、焚烧、堆肥和餐厨垃圾处理的污染物核算系数。普查报表将核算采用的活动水平参数列为普查指标，并将判断系数采用的条件要求也列为普查指标。

15.1.2.1　垃圾填埋场

由于建设时间及运行管理水平的差异，我国现有一些垃圾填埋场还不能达到垃圾无害化处理要求，在普查报表中增加无害化处理场的指标（标识），对应相应的污染物产排污核算系数。

15.1.2.2　垃圾焚烧厂

细化焚烧设施类型（炉型），按焚烧炉调查废气处理方法等用于核算污染物产排量的指标，提高污染物产排量核算精度。

15.2　普查指标体系

15.2.1　垃圾处理方式

垃圾处理主要普查最常见的填埋、焚烧和堆肥 3 种无害化处理方式的处理量。其中垃圾焚烧发电厂发展较快，在国民经济行业分类中将其归为工业污染源"电力、热力生产和供应业"的生物质能发电（行业代码为 4417），为区分只焚烧垃圾不发电的企业，在报表设计时单独将垃圾"焚烧发电"列为一种处理方式。

根据垃圾处理厂的设计思路，餐厨垃圾只调查无害化处理厂，所以餐厨垃圾只列出厌氧发酵和生物分解两种处理方式。

生活垃圾集中处置场（厂）基本情况

表　　号：　　　　　　J102-1 表

制定机关：　国务院第二次全国污染源普查领导小组办公室

批准机关：　　　　　国家统计局

批准文号：　国统制〔2018〕103 号

2017 年　　有效期至：　　2019 年 12 月 31 日

01.统一社会信用代码	□□□□□□□□□□□□□□□□□□（□□） 尚未领取统一社会信用代码的填写原组织机构代码号：□□□□□□□□（□□）		
02.单位详细名称			
03.法定代表人			
04.区划代码	□□□□□□□□□□□□		
05.详细地址	＿＿＿＿＿省（自治区、直辖市）＿＿＿＿＿地（区、市、州、盟） ＿＿＿＿＿县（区、市、旗）＿＿＿＿＿乡（镇） ＿＿＿＿＿街（村）、门牌号		
06.企业地理坐标	经度：＿＿度＿＿分＿＿秒　　纬度：＿＿度＿＿分＿＿秒		
07.联系方式	联系人：　　　　　　　　　电话号码：		
08.建成时间	□□□□年□□月		
09.垃圾处理厂类型	□　　　1 生活垃圾处理厂　　　2（单独）餐厨垃圾集中处理厂		
10.垃圾处理方式	□ □ □ □ □ □ □（可多选） 1 填埋　　　2 焚烧　　　3 焚烧发电　　　4 堆肥 5 厌氧发酵　6 生物分解　7 其他方式		
11.垃圾填埋场水平防渗	□　　　　　1 有　　　　　2 无		
12.排水去向类型	□		
13.受纳水体	名称：　　　　　　　　　代码：		
14.排水进入环境的地理坐标	经度：＿＿度＿＿分＿＿秒　　纬度：＿＿度＿＿分＿＿秒		
15.焚烧废气排放口	排放口编号	排放口一 □□□□□		排放口二 □□□□□
	排放口地理坐标	经度：＿＿度＿＿分＿＿秒 纬度：＿＿度＿＿分＿＿秒		经度：＿＿度＿＿分＿＿秒 纬度：＿＿度＿＿分＿＿秒
	是否安装在线监测（多选）	□ □ □ 1 二氧化硫　2 氮氧化物　3 颗粒物		□ □ □ 1 二氧化硫　2 氮氧化物　3 颗粒物
	烟囱高度与直径（米）	高度： 直径：		高度： 直径：
16.废气处理方法	焚烧炉一 除尘方法名称：　　　代码：□□□ 脱硫方法名称：　　　代码：□□□ 脱硝方法名称：　　　代码：□□□ 焚烧炉二 ……		焚烧炉一 除尘方法名称：　　　代码：□□□ 脱硫方法名称：　　　代码：□□□ 脱硝方法名称：　　　代码：□□□ 焚烧炉二 ……

单位负责人：　　　　　统计负责人（审核人）：　　　　　填表人：　　　　　报出日期：20　年　月　日

生活垃圾集中处置场（厂）运行情况

表　　号：　　　　J102-2 表
制定机关：国务院第二次全国污染源
　　　　　普查领导小组办公室
批准机关：　　　　国家统计局
批准文号：　国统制〔2018〕103 号

统一社会信用代码：□□□□□□□□□□□□□□□□□□（□□）
组织机构代码：□□□□□□□□□（□□）
单位详细名称（盖章）：
运营单位名称：　　　　　　　　　　　2017 年　有效期至：　2019 年 12 月 31 日

指标名称	计量单位	代码	指标值
甲	乙	丙	1
年运行天数	天	01	
本年实际处理量	万吨	02	
一、填埋方式（有填埋方式的填报）	—	—	—
设计容量	万立方米	03	
已填容量	万吨	04	
正在填埋作业区面积	万平方米	05	
已使用粘土覆盖区面积	万平方米	06	
已使用塑料土工膜覆盖区面积	万平方米	07	
本年实际填埋量	万吨	08	
二、堆肥处置方式（有堆肥处置方式的填报）	—	—	—
设计处理能力	吨/日	09	
本年实际堆肥量	万吨	10	
渗滤液收集系统	—	11	□　　1 有　　2 无
三、焚烧处置方式（有焚烧方式的填报）	—	—	—
设施数量	台	12	
其中：炉排炉	台	13	
流化床	台	14	
固定床（含热解炉）	台	15	
旋转炉	台	16	
其他	台	17	
设计焚烧处理能力	吨/日	18	
本年实际焚烧处理量	万吨	19	
助燃剂使用情况	—	20	□　　1 煤炭　　2 燃料油　3 天然气
煤炭消耗量	吨	21	
燃料油消耗量（不含车船用）	吨	22	
天然气消耗量	万立方米	23	
废气设计处理能力	立方米/时	24	
炉渣产生量	吨	25	
炉渣处置方式	—	26	□

指标名称	计量单位	代码	指标值
甲	乙	丙	1
炉渣处置量	吨	27	
炉渣综合利用量	吨	28	
焚烧飞灰产生量	吨	29	
焚烧飞灰处置量	吨	30	
焚烧飞灰综合利用量	吨	31	
四、厌氧发酵处置方式（有餐厨垃圾处理的填报）	—	—	—
设计处理能力	吨/日	32	
本年实际处置量	万吨	33	
五、生物分解处置方式（有餐厨垃圾处理的填报）	—	—	—
设计处理能力	吨/日	34	
本年实际处置量	万吨	35	
六、其他方式	—	—	—
设计处理能力	吨/日	36	
本年实际处置量	万吨	37	
七、全场（厂）废水（含渗滤液）产生及处理情况	—	—	—
废水（含渗滤液）产生量	立方米	38	
废水处理方式	—	39	□ 1 自行处理（须填第40～45项） 2 委托其他单位处理（不填第40～45项） 3 直接回喷至填埋场（不填第40～45项） 4 直接排放（不填第40～45项）
废水设计处理能力	立方米/日	40	
废水处理方法	—	41	名称：　　　　　　代码：□□□□
废水实际处理量	立方米	42	
废水实际排放量	立方米	43	
渗滤液膜浓缩液产生量	立方米	44	
渗滤液膜浓缩液处理方法	—	45	□ 1 混凝法　2 吸附法　3 芬顿试剂法 4 回流（回灌）　　　5 其他

单位负责人：　　　　统计负责人（审核人）：　　　　填表人：　　　报出日期：20　年　月　日

15.2.2 填埋方式调查内容

鉴于目前垃圾处理厂的建设和运行情况、渗滤液处理和排放监测开展的现状，无法保证所有垃圾处理厂均能开展污水监测工作并满足数据质控要求，在报表中设计了产排污系数核算污染物的产排量所涉及的活动水平参数。

垃圾填埋厂主要污染来自垃圾渗滤液，首先在普查表中调查是否有"水平防渗"，以此判断渗滤液是否做到有效收集，其次调查垃圾填埋作业区面积和覆盖区面积以及覆盖所用的材质，为系数法测算渗滤液产生量提供依据。

15.2.3 焚烧方式

生活垃圾焚烧产生的污染物量与焚烧炉炉型和废气治理设施有关，垃圾焚烧发电厂和大型垃圾焚烧厂多采用炉排炉和流化床焚烧技术，一些中小型垃圾处理厂采用的焚烧工艺比较杂，为了更准确了解不同焚烧技术的使用和污染物排放情况，对焚烧技术进行了进一步地细分，增加了固定床（含热解炉）和旋转炉焚烧技术。

15.2.4 渗滤液处理情况

垃圾处理厂渗滤液中污染物浓度高、处理费用高，需要了解垃圾处理厂污水处理厂设施的建设情况和采用的处理工艺，在报表设计时分为自行处理、委托其他单位处理和未处理 3 种情况进行调查。自行处理指垃圾处理厂自建有废水（含渗滤液）处理设施，并对渗滤液进行收集和处理。委托其他单位处理指送到污水处理厂或其他建有污水处理设施的垃圾处理厂及专门处理垃圾渗滤液的污水处理厂。未进行处理指渗滤液未经处理，直接回喷到填埋作业面或直接排入环境。

针对采用膜法处理渗滤液后产生的次生污染物—膜浓缩液的污染及治理情况，也增加了相关的普查内容。

第 16 章

危险废物处置厂设计思路

16.1 设计思路

《中华人民共和国固体废物污染环境防治法》第三条提到，国家鼓励、支持采取有利于保护环境的集中处置固体废物的措施，促进固体废物污染环境防治产业发展。《危险废物经营许可证管理办法》（国务院令 2004 年第 408 号）第二条规定，在中华人民共和国境内从事危险废物收集、贮存、处置经营活动的单位，应当依照本办法的规定，领取危险废物经营许可证。因此，所有持有危险废物经营许可证的企业纳入集中式危险废物处置厂普查范围。依据不重、不漏的原则，体现"集中"的要求，在制定普查技术规定时设计：

（1）持有危险废物综合经营许可证的工业企业，如已纳入工业污染源统计，集中式不再普查。根据历年环境统计调查，有部分工业企业以危险废物为生产源、辅材料，综合利用其他企业产生的危险废物，并根据产品已归类相应的工业行业，这类企业已在工业污染源中进行登记普查，为避免重复统计，在集中式普查范围中不再进行。

（2）普查对象自建、自用的处理处置设施不纳入集中式污染治理设施普查范围。企业和医院自建、自用的工业危险废物和医疗废物处理、处置设施如未对外服务，属于本单位配套建设的治理设施，不属于"集中"的范围，而且工业企业在工业污染源普查时已将其列为本企业附属的治理设施，为避免重复调查，不将这类设施纳入集中式污染治理设施调查。

（3）协同处置危险废物的企业纳入集中式危险废物处置厂普查。2014 年《水泥窑协同处置固体废物污染控制标准》（GB 30485—2014）正式实施，我国开展连续性和具有一定规模的水泥窑协同处置危险废物的企业数量不断的增加。根据国民经济行业分类，水泥行业归属工业污染源，行业代码为 3011，列为工业污染源（水泥行业）的调查范围。为全面了解和掌握危险废物的处理处置的情况，规定水泥窑协同处置企业在纳入工业污染源调查时，同时也填报集中式污染治理设施普查表，以满足危险废物处置管理的需求。考虑到该类企业在工业污染源普查时已填报污染物排放量，为避免重复统计，在填报集中式调查表时只填写企业的基本信息和危险废物处理量等运行指标，不填写污染物排放量。

（4）只持有危险废物收集贮存许可证的企业，不纳入集中式危险废物处理处置厂普查范围。危险废物经营许可证按照经营方式，分为危险废物收集、贮存、处置综合经营许可证和危险废物收集经营许可证。领取危险废物收集经营许可证的单位，只能从事机动车维修活动中产生的废矿物油和居民日常生活中产生的废镉镍电池的危险废物收集经营活动。该类企业经营范围为收集和贮存危险废物，并未对危险废物进行处理和处置，不属于普查方案中规定的"处理处置"单位的界定，不纳入普查范围。

16.2　普查指标体系

16.2.1　危险废物集中处理置厂类型

2004 年，国务院颁发了《危险废物经营许可证管理办法》，正式建立了危险废物利用处置行业许可管理制度。危险废物经营许可证按照经营方式，分为危险废物收集、贮存、处置综合经营许可证和危险废物收集经营许可证。按分级审批权限，医疗废物集中处置单位的危险废物经营许可证，由处置设施所在地的市级人民政府环境保护主管部门审批颁发；危险废物收集经营许可证，由县级人民政府环境保护主管部门审批颁发；其他危险废物集中处置单位的经营许可证，由省、自治区、直辖市人民政府环境保护主管部门审批颁发。

综合考虑综合经营许可证审核颁发权限以及危险废物处置单位的性质，将危险废物集中处置厂类型划分为以下 3 类：

（1）危险废物集中处置厂：提供社会化有偿服务，将工业企业、事业单位、第三产业或居民生活产生的危险废物集中起来进行焚烧、填埋等处置或综合利用的场所或单位。包括处理工业危险废物的处置厂和既处理工业危险废物又处理医疗废物等其他危险废物的处置厂。

（2）单独医疗废物处置厂：将医疗废物集中起来进行处置的场所。该处置厂只处置医疗废物，不处置其他危险废物。

（3）协同处置危险废物的企业：企业在生产过程中接受社会其他单位委托，或利用其他设施（如水泥窑等）处理危险废物。

16.2.2　处置方式

《中华人民共和国固体废物污染环境防治法》第九章"附则"对固体废物处置利用的含义界定如下：

处置，是指将固体废物焚烧和用其他改变固体废物的物理、化学、生物特性的方法，达到减少已产生的固体废物数量、缩小固体废物体积、减少或者消除其危险成分的活动，或者将固体废物最终置于符合环境保护规定要求的填埋场的活动。

利用，是指从固体废物中提取物质作为原材料或者燃料的活动。

根据国内对危险废物利用和处置常用的方法分析，将危险废物利用处置方式分为综合利用、填埋、物理化学处理、焚烧和其他处置方式共 5 大类：

（1）综合利用：对危险废物中可利用的成分以实现资源化、无害化为目标的处理（置）方式。其包括 10 种利用方式。

（2）填埋：危险废物的一种陆地处置方式，通过设置若干个处置单元和构筑物来防止水污染、大气污染和土壤污染的危险废物最终处置方式。

（3）物理化学处理：通过蒸发、干燥、中和、沉淀等方式处置危险废物。其包括医疗废物高温蒸汽处理、化学消毒和微波消毒处理方式。

（4）焚烧：焚烧危险废物使之分解并无害化的过程或处理方式。

（5）其他处置方式：除上述处置方式外，见表 16-1。

表 16-1　危险废物利用/处置方式

代码	说明
	危险废物（不含医疗废物）利用方式
R1	作为燃料（直接燃烧除外）或以其他方式产生能量
R2	溶剂回收/再生（如蒸馏、萃取等）
R3	再循环/再利用不是用作溶剂的有机物
R4	再循环/再利用金属和金属化合物
R5	再循环/再利用其他无机物
R6	再生酸或碱
R7	回收污染减除剂的组分
R8	回收催化剂的组分
R9	废油再提炼或其他废油的再利用
R15	其他
	危险废物（不含医疗废物）处置方式
D1	填埋
D9	物理化学处理（如蒸发、干燥、中和、沉淀等），不包括填埋或焚烧前的预处理
D10	焚烧
D16	其他
C1	水泥窑协同处置
	其他
C2	生产建筑材料
C3	清洗（包装容器）
	医疗废物处置方式
Y10	医疗废物焚烧
Y11	医疗废物高温蒸汽处理
Y12	医疗废物化学消毒处理
Y13	医疗废物微波消毒处理
Y16	医疗废物其他处置方式

危险废物集中处置厂普查见 J103-1 表和 J103-2 表。

危险废物集中处置厂基本情况

表　　号：　　　　　J103-1 表
制定机关：　国务院第二次全国污染源
　　　　　　　普查领导小组办公室
批准机关：　　　　　国家统计局
批准文号：　国统制〔2018〕103 号
2017 年　　有效期至：　2019 年 12 月 31 日

01.统一社会信用代码	□□□□□□□□□□□□□□□□□□（□□） 尚未领取统一社会信用代码的填写原组织机构代码号：□□□□□□□□（□□）
02.单位详细名称	
03.经营许可证证书编号	
04.法定代表人	
05.区划代码	□□□□□□□□□□□□
06.详细地址	省（自治区、直辖市）＿＿＿　地（区、市、州、盟）＿＿＿ 县（区、市、旗）＿＿＿　乡（镇）＿＿＿ 街（村）、门牌号＿＿＿
07.企业地理坐标	经度：＿＿度＿＿分＿＿秒　纬度：＿＿度＿＿分＿＿秒
08.联系方式	联系人：　　　　电话号码：
09.建成时间	□□□□年□□月
10.集中处理厂类型	□ 1 危险废物集中处置厂　2（单独）医疗废物集中处置厂　3 其他企业协同处置
11.危险废物利用处置方式（可多选）	□ □ □ □ □ 1 综合利用　2 填埋　3 物理化学处理　4 焚烧　5 其他
12.排水去向类型	
13.受纳水体	名称：　　　　代码：
14.排水进入环境的地理坐标	经度：＿＿度＿＿分＿＿秒　纬度：＿＿度＿＿分＿＿秒
15.废水排口安装的在线监测设备（多选）	□ □ □ □ □ 1 流量　2 化学需氧量　3 氨氮　4 总氮　5 总磷

16. 废气排放口	排放口编号	排放口一　□□□□□	排放口二　□□□□□
	地理坐标	经度：＿度＿分＿秒 纬度：＿度＿分＿秒	经度：＿度＿分＿秒 纬度：＿度＿分＿秒
	烟囱高度与直径（米）	高度： 直径：	高度： 直径：
	安装的在线监测设备（多选）	□ □ □ 1 二氧化硫　2 氮氧化物　3 颗粒物	□ □ □ 1 二氧化硫　2 氮氧化物　3 颗粒物
17.废气处理方法		焚烧炉一 除尘方法名称：　代码：□□□ 脱硫方法名称：　代码：□□□ 脱硝方法名称：　代码：□□□ 焚烧炉二 ……	焚烧炉一 除尘方法名称：　代码：□□□ 脱硫方法名称：　代码：□□□ 脱硝方法名称：　代码：□□□ 焚烧炉二 ……

单位负责人：　　　统计负责人（审核人）：　　　填表人：　　　报出日期：20　年　月　日

危险废物集中处置厂运行情况

表　　号：　　　　J103-2 表

制定机关：　国务院第二次全国污染源

统一社会信用代码：□□□□□□□□□□□□□□□□□□（□□）　　　普查领导小组办公室

组织机构代码：□□□□□□□□□（□□）　　　批准机关：　　　　国家统计局

单位详细名称（盖章）：　　　　批准文号：　国统制〔2018〕103 号

运营单位名称：　　　　2017 年　有效期至：　　2019 年 12 月 31 日

指标名称	计量单位	代码	指标值
甲	乙	丙	1
本年运行天数	天	01	
一、危险废物主要利用/处置情况	—	—	—
危险废物接收量	吨	02	
设计处置利用能力	吨/年	03	
处置利用总量	吨	04	
其中：处置工业危险废物量	吨	05	
处置医疗废物量	吨	06	
处置其他危险废物量	吨	07	
综合利用危险废物量	吨	08	
二、综合利用方式（有综合利用方式的填报）	—	—	—
设计综合利用能力	吨/年	09	
实际利用量	吨	10	
综合利用方式（可多选，最多选 3 项）	—	11	□□□　　　□□□　　　　□□□
三、填埋方式（有填埋方式的填报）	—		—
设计容量	立方米	12	
已填容量	立方米	13	
设计处置能力	吨/年	14	
实际填埋处置量	吨	15	
四、物理化学处置方式（不包括填埋或焚烧前的预处理）	—	—	—
设计处置能力	吨/年	16	
实际处置量	吨	17	

指标名称	计量单位	代码	指标值
甲	乙	丙	1
五、焚烧方式（有焚烧方式的填报）	—	—	—
设施数量	台	18	
其中：炉排炉	台	19	
流化床	台	20	
固定床（含热解炉）	台	21	
旋转炉	台	22	
其他	台	23	
设计焚烧处置能力	吨/年	24	
实际焚烧处置量	吨	25	
使用的助燃剂种类	—	26	□　1 煤炭　　　2 燃料油　　　　3 天然气
煤炭消耗量	吨	27	
燃料油消耗量（不含车船用）	吨	28	
天然气消耗量	万立方米	29	
废气设计处理能力	立方米/时	30	
焚烧残渣产生量	吨	31	
焚烧残渣填埋处置量	吨	32	
焚烧飞灰产生量	吨	33	
焚烧飞灰填埋处置量	吨	34	
六、医疗废物主要处置情况（有医疗废物处置方式的填报）	—	—	—
医疗废物处置方式	—	35	□ 1 焚烧　　2 高温蒸汽处理　　3 化学消毒处理 4 微波消毒处理　　　　　　5 其他处置
医疗废物设计处置能力	吨/年	36	
其中：焚烧设计处置能力	吨/年	37	
实际处置医疗废物量	吨	38	
七、废水产生及处理情况	—	—	—
废水处理方法	—	39	名称：　　　　　　　　　代码：□□□□
废水设计处理能力	立方米/日	40	
废水产生量	立方米	41	
实际处理废水量	立方米	42	
废水排放量	立方米	43	

单位负责人：　　　　　　统计负责人（审核人）：　　　　　填表人：　　　　报出日期：20　年　月　日

第 17 章

污染物核算方法

17.1 设计思路

污染物排放量核算方法常用的主要有两种：监测法、产排污系数法（物料衡算法），其他还有类比法等。

集中式污染治理设施采取逐家填报的方式调查，调查企业基本情况、运行情况和污染物监测信息，并根据调查的内容逐家核算污染物排放量，累积相加的和即本地区的污染物排放量。

根据集中式污染治理设施不同的普查对象、污染物排放方式和现有的工作基础，采用不同的核算方法。废水或废气污染物排放量采用监测法或产排污系数法，固体废物产生量采用台账法进行统计，即企业生产运行记录的实际产生的固体废物量。污水处理厂不统计污染物排放量，根据污水处理厂进出口浓度只核算去除量，作为生活源废水污染物排放量核算的依据。

集中式污染治理设施确定核算污染物排放量的方法优先选择监测法，其次为产排污系数法，主要从以下几方面考虑。

17.1.1 国家相关法律法规要求开展监测

《中华人民共和国大气污染防治法》第二十四条和《中华人民共和国水污染防治法》第二十三条均要求企事业单位和其他生产经营者应当按照国家有关规定和监测规范，对其排放污染物进行监测，并保存原始监测记录。其中，重点排污单位应当安装、使用污染物排放自动监测设备，与环境保护主管部门的监控设备联网，保证监测设备正常运行并依法公开排放信息。

国务院办公厅《关于印发控制污染物排放许可制实施方案的通知》（国办发〔2016〕81 号）要求排污单位实行自行监测和定期报告。企事业单位应依法开展自行监测，在线监测数据可以作为环境保护部门监管执法的依据。

2016 年年底通过的《中华人民共和国环境保护税法》第十条规定,应税大气污染物、水污染物、固体废物的排放量和噪声的分贝数,按照下列方法和顺序计算:

(1)纳税人安装使用符合国家规定和监测规范的污染物自动监测设备的,按照污染物自动监测数据计算;

(2)纳税人未安装使用污染物自动监测设备的,按照监测机构出具的符合国家有关规定和监测规范的监测数据计算;

(3)因排放污染物种类多等原因不具备监测条件的,按照国务院环境保护主管部门规定的排污系数、物料衡算方法计算;

(4)不能按照本条第一项至第三项规定的方法计算的,按照省、自治区、直辖市人民政府环境保护主管部门规定的抽样测算的方法核定计算。

《中华人民共和国环境保护税法实施条例》第九条进一步解释,属于《中华人民共和国环境保护税法》第十条第二项规定情形的纳税人,自行对污染物进行监测所获取的监测数据,符合国家有关规定和监测规范的,视同《中华人民共和国环境保护税法》第十条第二项规定的监测机构出具的监测数据。

以上法律法规等均将监测数据置于很重要的地位,并给予监测数据合法化的地位,集中式污染治理设施污染物排放量核算采用的数据也是依据法律规定来确定采用顺序的。

17.1.2　开展监测的集中式污染治理设施较多

污水处理厂是总量减排的重点工程,各地在污水处理厂建设和日常监管方面的投入力度很大,城镇污水处理厂和一些大型的农村集中污水处理厂都安装了在线监测设备,未安装自动在线监测设备的处理厂也提高了监测频次,基本上能保证每月 1 次。

垃圾焚烧发电厂、垃圾焚烧厂和危险废物焚烧厂是国家重点监控企业,基本都按国家的有关要求安装了在线监测,未安装在线监测设备的企业也均按要求每个季度开展手工监测。

对于农村集中式污水处理厂,数量多规模小,大部分未开展监测,建议采用产排污系数法核算污染物产排量。

17.2　核算方法

集中式污染物排放量核算,是根据普查对象排放的废水或废气量及其污染物排放浓度计算得出。具体的计算方法为

$$D_{ij} = L_i \times C_{ij} \tag{17-1}$$

$$D_j = \sum_{i=1}^{n} D_{ij} \qquad （17\text{-}2）$$

式中，D_{ij}——第 i 个集中式普查对象废水或废气第 j 类污染物年排放量；

L_i——第 i 个集中式普查对象废水或废气年排放量；

C_{ij}——废水或废气污染物年平均排放浓度，i 为第 i 项污染物；

D_j——该地区第 j 类污染物的排放总量。

集中式污染治理设施废水、废气污染物产生量和排放量，可采用监测数据法和产排污系数法核算，产生的固体废物和危险废物量根据普查对象实际运行台账记录获取。

污染物产生量和排放量核算方法使用顺序依次为监测数据法、产排污系数法。

同一家企业不同污染物可采用不同的核算方法，如 SO_2 或 COD 用在线监测数据，总氮或总磷用手工监测数据核算。

如同一种污染物两种方法核算的产生量和排放量相对误差大于 20%，应核实企业的生产工况及生产工艺，确定污染物排放量的计算方法是否正确，同时核查产排污系数选取是否正确。如监测数据、系数核算排放量均符合相关技术规定要求，同时产排污系数的应用正确，则取监测数据法和产排污系数法核算结果中污染物排放量大的数据作为认定数据上报。

17.3　监测数据法

监测数据法是依据对普查对象产生和外排废水、废气（流）量及其污染物的实际监测浓度，计算出废气、废水排放量及各种污染物产生量和排放量。监测数据法核算污染物产生量和排放量的优先顺序为自动监测数据、自行监测数据（手工）、监督性监测数据。

17.3.1　污染物排放量核算方法

污染物排放量=污染物年加权平均浓度×废水或废气年排放量

废水排放量：有累计流量计的，以年累计废水流量为废水排放量；没有累计流量计的，通过监测的瞬时排放量（均值）和年生产时间进行核算；没有监测废水流量而有废水污染物浓度监测的，可按水平衡测算出废水排放量。

废气排放量：通过监测的瞬时排放量（均值）和年排放时间进行核算。

17.3.2　监测数据使用规范性要求

17.3.2.1　自动监测数据

自动监测设备的建设、安装符合有关技术规范、规定的要求，普查年度全年按照相应技术规范规定的要求进行质量保证/控制，定期校准、校验和运行维护，季度有效捕集率不低于75%的，且保留全年历史数据的自动监测数据的，可用于污染物产生量和排放量核算。

与各地环境保护部门联网的自动监测设备，环境保护部门最终确认的自动监测数据可作为核算排放量的有效数据使用。

17.3.2.2　监督性监测数据

普查年度内由县（区、市、旗）及以上环境保护部门按照监测技术规范要求进行监督性监测获得的数据。每个季度至少监测 1 次、季节性生产企业生产期间至少每月监测 1 次、每年监测总次数不少于 4 次。

实际监测时企业的生产工况符合相关监测技术规定要求。若废水流量无法监测，可使用企业安装的流量计数据，或通过水平衡核算废水排放量。

17.3.2.3　企业自测数据

普查年度内由企业自行监测或委托有资质机构按照《排污单位自行监测指南　总则》（HJ 819—2017）等有关监测技术规范和监测分析标准方法监测获得的数据。每个季度至少监测 1 次；非连续性生产企业生产期间至少每月监测 1 次，全年监测总次数不少于 4 次。

监测数据符合上述要求，方可用于核算污染物产生量与排放量；并须提供符合监测数据有效性要求的全部监测数据台账，与普查表同时报送普查机构，以备数据审核使用。若进口或出口监测数据不符合有效性认定要求，不得采用监测数据核算污染物产生量或排放量。采用监测数据法得到污染物产生量和排放量，要用产排污系数法进行核算校核。

17.4　产排污系数法

如果企业未开展排放监测，或监测数据不符合数据有效性要求，则采用产排污系数法核算污染物排放量。产排污系数由国务院第二次全国污染源普查领导小组办公室提供，不得采用其他各类产排污系数或经验系数。

"二污普"工作中，根据不同的目标和污染设施类型，将集中式污染治理设施的产排污系数方法计算污染物的排放量（削减量）分为 5 类。

17.4.1　城镇污水处理厂、工业污水集中处理厂和其他污水处理设施水污染物的削减量的核算

通过给出污水进厂和排口污染物浓度参考值，用于水污染物产生与排放量的核算，然后计算水污染物的削减量。产排污系数主要为浓度值，用于补充普查表格中填报缺漏的污

染物浓度监测数据，以确保水污染物产生与排放量核算的完整性。

污水处理厂系数包括化学需氧量、氨氮、总氮、总磷、五日生化需氧量、动植物油、挥发酚、氰化物、砷、铅、镉、总铬、六价铬、总汞共 14 项污染物（工业污水处理厂 13 项，不含动植物油）进口和出口产生和排放浓度参考值。城镇污水处理厂按地城级行政单位制定，工业污水处理厂按省级行政单位制定。

主要水污染物进厂量核算：各级行政区范围内的城镇污水处理厂或工业污水处理厂主要水污染物进入量采用全口径逐一核算。

主要水污染物排放量核算：各级行政区范围内的城镇污水处理厂或工业污水处理厂主要水污染物排放量采用全口径逐一核算。

主要水污染物削减量核算：城镇污水处理厂和工业污水处理厂主要水污染物削减量及各级行政区范围内生活污水处理设施去除量之和，采用全口径逐一核算。

17.4.2　农村集中式污水处理设施水污染物削减系数

对应不同处理工艺类型的农村集中式污水处理设施的水污染物削减系数，用于"二污普"中市（县）农村集中式污水处理设施水污染物加权平均削减率的核算。

污染物削减系数：农村生活污水经初级处理设施（如化粪池）处理后排入或直接进入农村集中式污水处理设施处理后，各项污染物指标的去除效率（%）。

污染物加权平均削减率：通过对市县所有农村集中式污水处理设施基于处理水量和削减系数进行加权核算，得出该地区农村集中式污水处理设施污染物的加权平均削减率。

农村集中式污水处理设施涉及的污染因子包括化学需氧量、氨氮、总氮、总磷、五日生化需氧量、动植物油。

基于全国 6 大区域的各类型农村集中式污水处理设施污染物削减系数，以单个设施的处理水量为加权因子，对市（县）所有农村集中式污水处理设施水污染物的平均削减率进行加权核算。

17.4.3　生活垃圾填埋场水污染物核算系数

生活垃圾填埋场分为生活垃圾填埋场、生活垃圾卫生填埋场和生活垃圾简易填埋场。系数包括渗滤液产生量核算参数、水污染物产生浓度系数和排放浓度系数，用于"二污普"中生活垃圾填埋场各种水污染物产生量、排放量缺失数据的核算。生活垃圾处理厂根据不同的垃圾处理方式，分别制定了填埋场水污染物核算系数、焚烧厂污染物核算系数、堆肥厂与餐厨垃圾处理厂污染物核算系数。

涉及的系数包括渗出系数、自产渗滤液系数，化学需氧量、五日生化需氧量、总氮、氨氮、总磷、总砷、总铅、总镉、总铬、六价铬和总汞等水污染物浓度 13 项指标系数。

其中，渗出系数：垃圾填埋堆体上方的汇水量转化为渗滤液产生量的比例。

自产渗滤液系数：单位重量的垃圾自身产生的渗滤液量，包括场内垃圾压缩产水和降解产水。

水污染物排放系数：生活垃圾填埋场产生的渗滤液中水污染物浓度。

水污染物产生系数：生活垃圾填埋场产生的渗滤液经渗滤液处理设施（自建或城镇污水处理设施）处理后或未经任何处理直接排入外环境的水污染物浓度。

水污染物产生量：生活垃圾填埋场在处理生活垃圾的过程中相关处理工段直接产生的各种水污染物量。

水污染物排放量：生活垃圾填埋场产生的渗滤液经渗滤液处理设施处理后排放到外环境或未经处理直接排入外环境的各种污染物量。按照生活垃圾填埋场的处理方式"1 自行处理""2 委托其他单位处理""3 直接回喷至填埋场""4 直接排放"分别计算。

17.4.4　生活垃圾焚烧处理设施污染物核算系数

生活垃圾焚烧处理设施（不含垃圾焚烧发电设施）的污染物产生系数和排放系数，用于"二污普"中生活垃圾焚烧处理设施的各种污染物产生量、排放量填报数据的缺失数据核算。利用焚烧余热发电装置的垃圾焚烧发电厂的污染物排放量在工业污染源中核算。

涉及的系数包括：废水（含渗滤液）产生系数及化学需氧量、五日生化需氧量、总氮、氨氮、总磷、砷、铅、镉、总铬、六价铬、汞浓度系数；烟气流量系数及颗粒物、氮氧化物、二氧化硫、砷及其化合物、铅及其化合物、汞及其化合物、铬及其化合物、镉及其化合物浓度系数。

废水污染物按照生活垃圾焚烧处理设施的处理方式"1 自行处理""2 委托其他单位处理""3 直接回喷至填埋场""4 直接排放"分别计算。

17.4.5　生活垃圾堆肥厂与餐厨垃圾处理厂污染物核算系数

生活垃圾堆肥厂与餐厨垃圾处理厂污染物产排污核算系数，用于"二污普"生活垃圾堆肥厂与餐厨垃圾处理厂水污染物产生与排放量的核算。

涉及的系数包括渗滤液产生系数，化学需氧量、五日生化需氧量、总氮、氨氮、总磷、砷、铅、镉、总铬、六价铬、汞浓度系数。

水污染物产生浓度系数：未经任何废水处理设施处理的单位重量生活垃圾所产生的渗滤液量以及渗滤液中污染物浓度。

水污染物排放浓度系数：经废水处理设施处理后的渗滤液中污染物浓度，指生活垃圾渗滤液处理设施排口处单位排水量中污染物的含量。

17.4.6 危险废物处置厂

生态环境部第二次全国污染源普查工作办公室提供的集中式污染治理设施系数包括污水处理厂产排污系数和垃圾处理厂产排污系数，危险废物处置厂本次普查未做系数，直接采用监测数据法核算。

17.5 运行管理台账记录

固体废物产生量、处理量、综合利用量等，根据普查对象日常运行台账记录，统计汇总相关数据。

污水处理厂污泥、危险废物炉渣、焚烧飞灰等固体废物和危险废物等可按运行管理的统计报表填报。如果普查对象未对污泥、炉渣、飞灰进行计量（称重），所填结果需与产污系数核算结果进行校核。

第18章

普查报表的填报

18.1 普查报表的识别

普查表由普查对象填写，各填报对象填写的普查表见表 18-1。

表 18-1 各集中式污染治理设施普查对象及填报对象

序号	普查表	填报对象
1	集中式污水处理厂 （J101-1 表、J101-2 表、J101-3 表）	城镇生活污水处理厂
2		工业污水集中处理厂
3		农村集中式污水处理设施
4		其他污水处理设施
5	生活垃圾集中处理厂 （J02-1 表、J102-2 表、J104-1 表、J104-2 表）	生活垃圾填埋场
6		生活垃圾焚烧厂
7		生活垃圾堆肥场
8		其他方式处理生活垃圾的处理厂
9		餐厨垃圾处理厂
10	危险废物集中处理处置厂 （J03-1 表、J103-2 表、J104-1 表、J104-2 表）	危险废物处置厂
11		医疗废物处置厂

普查对象厂区内如有锅炉，须填报《非工业企业单位锅炉污染及防治情况》（S103 表）。

生活垃圾焚烧发电厂、协同处置生活垃圾的水泥厂已在工业源普查，仍须纳入集中式污染治理设施普查，填报生活垃圾处理厂普查表。

协同处置危险废物的工业企业纳入工业源普查，仍须纳入集中式污染治理设施普查，填报危险废物集中处理处理厂普查表，以掌握集中处置的危险废物量。

18.2　普查表填报要求

18.2.1　集中式污水处理厂普查表

所有城镇生活污水处理厂、工业污水处理厂、其他污水处理设施和设计处理能力≥10 吨/日（或服务人口≥100 人，或服务家庭≥20 户）的农村污水处理厂均须填报集中式污水处理厂普查表。以下情况情况不纳入普查范围：

（1）企业自建自用且不接纳本企业以外污水的污水处理厂；

（2）渗水井、化粪池（含改良化粪池）等设施。

J101-1 表和 J101-2 表：所有污水处理厂均须填报。

J101-3 表：按集中式污染治理设施普查技术规定要求的监测频次开展污水监测，且数据有效性符合要求的填报该表，未开展监测或监测频次、数据有效性不符合要求的，不填。

S103 表：如果污水处理厂有用于供热的生活锅炉或生产锅炉，须填报 S103 表。

原来按工业污水处理厂设计建设，由于企业搬迁或其他原因导致的实际处理污水主要为生活污水的处理厂，按城镇生活污水处理厂填报，见表 18-2。

表 18-2　各类型污水处理厂需填报的普查表

填报对象	J101-1 表	J101-2 表	J101-3 表		S103 表	
			有监测*	无监测	有锅炉	无锅炉
城镇污水处理厂	√	√	√	×	√	×
工业污水处理厂	√	√	√	×	√	×
农村污水处理厂	√	√	√	×		×
其他污水处理设施	√	√	√	×	√	×

注：* 有监测是指监测频次及数据有效性等符合要求的监测，不符合要求的监测不填。

18.2.2　生活垃圾集中处置场（厂）

生活垃圾处置厂普查范围是县级及以上生活垃圾处理厂，有条件的地区可以开展县级以下垃圾处理厂普查。以下几种情况不在规定的普查范围内，不需要填报普查表。

（1）建筑垃圾处理厂和粪便处理厂。

（2）水泥窑协同处置生活垃圾厂。

（3）单纯进行油脂分离、提炼，未对提炼出的油脂及提炼后的废渣进行资源化、无害化处理的企业单位。

（4）单位或居民区设置的小型厨余垃圾处理设备。

餐厨垃圾处理如果和堆肥、填埋厂在一起，则不单独填表。

垃圾焚烧发电厂只填报 J102-1 表和 J102-2 表，其他表不需填报。该厂监测信息、排放信息均填报至工业污染源普查表中。

J102-1 表：所有生活垃圾处置厂均须填报；J102-2 表：所有生活垃圾处置厂均须填报。

J104-1 表：按《集中式污染治理设施普查技术规定》要求的监测频次开展污水监测，且数据有效性符合要求的填报该表，未开展监测或监测频次、数据有效性不符合要求的，不填。J104-2 表：按《集中式污染治理设施普查技术规定》要求的监测频次开展废气监测，且数据有效性符合要求的填报该表，未开展监测或监测频次、数据有效性不符合要求的，不填。

J104-3 表：生活垃圾焚烧发电厂不填报，其他生活垃圾处置厂均须填报。

S103 表：生活垃圾集中处置场（厂）如果有单独的供热锅炉（不包括垃圾焚烧炉供热）且单独排放，则须填报 S103 表非工业企业单位锅炉污染及防治情况，见表 18-3。

表 18-3　各类型生活垃圾处置厂需填报的普查表

填报对象	J102-1 表	J102-2 表	J104-1 表	J104-2 表	J104-3 表	S103 表 [d]
生活垃圾填埋场	√	√	有监测 [b]：√	×	√	有锅炉：√
生活垃圾焚烧厂	√	√	无监测：×	√	√	无锅炉：×
生活垃圾焚烧发电厂	√	√	×	×	×	×
生活垃圾堆肥场	√	√	有监测：√	×	√	有锅炉：√
餐厨垃圾处理厂	√	√	无监测：×	c)	√	无锅炉：×
其他处理方式处理厂	√	√			√	

注：（1）√表示需要填报该表，×表示不需要填报该表。
　　（2）有监测是指监测频次及数据有效性等符合要求的监测。
　　（3）处理工艺中涉及废气产生和排放，则须填报该表，反之则不填。
　　（4）有锅炉指用于供热的生活锅炉或生产锅炉，不包括烧垃圾的焚烧炉。

18.2.3　危险废物集中处置厂

所有危险废物集中处置厂和医疗废物处置厂均须填报 J103-1 表和 J103-2 表，协同处置危险废物的工业企业根据企业的生产活动确定须填报的普查表。

符合以下任何一种情况的处置厂均不纳入普查：

（1）企业单位和医院内部自建自用且不提供社会化有偿服务的危险废物处理（处置）装置；如果医院自建自用的危险废物处置设施，有危险废物经营许可证，且处理的医疗废物占本县（市）医疗废物产生量 60% 以上，可纳入普查范围。

（2）只具有收集和转运危险废物的企业。

　　具有处置和综合利用危险废物活动的工业企业，根据下面的要求填报相应的普查表，见表 18-4。

　　（1）处置或综合利用危险废物是企业全部生产活动的，只填集中式普查表；

　　（2）综合利用只是企业生产活动的一部分，只填工业污染源普查表；

　　（3）处置只是企业生产活动的一部分（协同处置），集中式普查表和工业污染源普查表均须填报。该企业须填写 J103-1 表（基本信息）和 J103-2 表（运行情况），不填 J104-1 表（废水监测）、J104-2 表（废气监测）和 J104-3 表（污染物排放量）。

　　危险废物集中处置厂和医疗废物处置厂（不包括协同处置厂）如果有单独的供热锅炉且单独排放，还须填报 S103 表非工业企业单位锅炉污染及防治情况。

　　J103-1 表：所有危险废物集中处置厂均须填报；J103-2 表：所有危险废物集中处置厂均须填报。

　　J104-1 表：按《集中式污染治理设施普查技术规定》要求的监测频次开展污水监测，且数据有效性符合要求的填报该表，未开展监测或监测频次、数据有效性不符合要求的，不填。

　　J104-2 表：按《集中式污染治理设施普查技术规定》要求的监测频次开展废气监测，且数据有效性符合要求的填报该表，未开展监测或监测频次、数据有效性不符合要求的，不填。

　　J104-3 表：协同处置企业不填报，其他危险废物处置厂均须填报。

　　S103 表：危险废物集中处置场（厂）如果有单独的供热锅炉（不包括危险废物焚烧炉供热）且单独排放，则须填报 S103 表非工业企业单位锅炉污染及防治情况。

表 18-4　各类型危险废物集中处置厂需填报的普查表

填报对象	J103-1 表	J103-2 表	J104-1 表	J104-2 表	J104-3 表	S103 表 ^{c)}
危险废物集中处置厂	√	√	有监测：√	×	√	有锅炉：√
医疗废物处置厂	√	√	无监测：×	√	√	无锅炉：×
企业协同处置	√	√	×	×	×	×

注：（1）√表示需要填报该表，×表示不需要填报该表。
　　（2）有监测是指监测频次及数据有效性等符合要求的监测。
　　（3）处理工艺中涉及废气产生和排放，则须填报该表，反之则不填。
　　（4）有锅炉指用于供热的生活锅炉或生产锅炉，不包括焚烧危险废物的焚烧炉。

第 19 章

第二次全国污染源普查与第一次全国污染源普查对比

19.1　普查对象和范围

在普查范围方面，"二污普"和"一污普"集中式污染治理设施均分为集中污水处理单位、垃圾处理单位和危险废物处理单位。

19.1.1　污水处理单位

与"一污普"比较，"二污普"在"一污普"和环境统计确定的城镇污水处理厂、集中式工业污水处理厂、其他污水处理设施 3 类污水处理单位基础上，结合国家关于推动新农村建设的有关要求，新增了"农村集中污水处理设施"调查，同时规定了农村集中式污水处理设施的定义和调查规模，将设计处理能力≥10 吨/日（或服务人口≥100 人，或服务家庭数≥20 户）的农村污水处理设施或污水处理厂纳入普查。

19.1.2　垃圾处理单位

与"一污普"比较，"二污普"集中式垃圾处理单位调查范围主要在 3 个方面进行了扩展。一是在垃圾填埋场、垃圾焚烧厂、垃圾堆肥场基础上，增加了采用生化处理、简易处理等其他处理方式的垃圾处理厂，将调查范围扩展到县级（含）以上全部垃圾处理厂；二是将通过焚烧方式协同处置生活垃圾的工业企业同时纳入调查范围，生活垃圾处理情况更为全面；三是在"一污普"以生活垃圾为处理对象的集中式垃圾处理厂基础上，增加了餐厨垃圾处理情况调查，将符合国家建设标准的餐厨垃圾处理厂纳入调查范围，包括厌氧发酵、生物分解和利用餐厨垃圾两类处理方式。

19.1.3　危险废物处理单位

与"一污普"比较，"二污普"在"一污普"确定的危险废物处理处置厂、医疗废物处理处置厂基础上，增加协同处置危险废物的工业企业调查，调查范围同环境统计。按照《危险废物经营许可证管理办法》的相关规定，"二污普"对危险废物处理单位定义进行了明确，持有危险废物收集、贮存、处置综合经营许可证的企业纳入普查范围，只持有危险废物收集贮存许可证的企业不再调查。两次全国污染源普查调查范围对比见表 19-1。

表 19-1　两次全国污染源普查调查范围对比

技术规定内容	普查对象	"一污普"	"二污普"
普查对象和范围	污水处理单位	城镇污水处理厂、集中式工业污水处理厂、其他污水处理设施	增加"农村集中污水处理厂"
	垃圾处理单位	垃圾填埋场、垃圾焚烧厂、垃圾堆肥场	①县级（含）以上垃圾处理厂全部纳入普查；②增加协同处置垃圾的企业；③增加"餐厨垃圾处理厂"
	危险废物处理单位	危险废物处理处置厂、医疗废物处理处置厂	增加协同处置危险废物的工业企业

19.2　普查指标和普查表

对于集中式污染治理设施统计调查来说，"一污普""二污普"调查内容大体均可分为调查单位基本信息、集中式污染治理设施运行情况和污染物处理处置情况、二次污染物产生排放情况 3 部分内容。

19.2.1　污水处理单位

调查单位基本信息在"一污普"的基础上，增加了废水排放口地理坐标；增加了集中式污水处理单位的化学需氧量、氨氮、总氮、总磷和重金属等废水指标自动在线监测设施安装情况调查；集中废水治理设施二次污染调查，在"一污普"污泥处置利用情况调查外，新增了针对厂区供热锅炉废气污染排放调查核算。"二污普"普查表设计与"一污普"一致。

19.2.2　垃圾处理单位

集中式垃圾处理单位调查基本信息与"一污普"和环境统计基本一致；治污设施运行调查内容针对垃圾处理方式、填埋方式分类和垃圾渗滤液处理相关指标有了进一步细化；污染物指标在"一污普"基础上，根据垃圾处理厂的排放标准进行了增减，增加了 5 项焚烧废气重金属指标。"二污普"普查表设计与"一污普"一致。

19.2.3　危险废物处理单位

集中式危险废物处理单位调查基本信息与"一污普"和环境统计基本一致；治污设施运行调查内容方面，进一步明确了危险废物处置方式分类；污染物指标变化方面同集中式垃圾处理单位。"一污普"分别设计了工业危险废物和医疗废物处理处置厂普查表，"二污普"普查表将上述 2 张表合并成一张表。两次全国污染源普查调查指标和调查表对比见表 19-2。

表 19-2　两次全国污染源普查调查指标和调查表对比

技术规定内容	普查对象	"一污普"	"二污普"
调查基本信息		①单位基本情况； ②原辅材料、能源消耗	增加：①排放口信息；②自动在线监测设备安装信息；③删除投资等与普查目的无关的内容
污染治理设施运行情况		①污染治理设施运行情况； ②污染物处理、处置和综合利用情况； ③污染物排放量和监测数据	与"一污普"相同
普查污染物	污水处理厂	按普查总体规定的 11 项污染物调查，并对污水处理厂增加总磷、总氮和五日生化需氧量	①普查规定的废水 13 项； ②增加锅炉废气污染物调查，只包括 3 项
	垃圾处理场（厂）	按普查总体规定的 11 项废水污染物和废气 3 项污染物调查	①废水 10 项，排放标准没有动植物油、挥发酚和氰化物，这 3 项不纳入普查； ②焚烧废气增加 5 项重金属调查
	危险废物集中处理处置厂	按普查总体规定的 11 项废水污染物和废气 3 项污染物调查	①普查规定的废水 13 项； ②焚烧废气增加 5 项重金属调查
普查表	污水处理厂调查表	3 张表：基本信息表、污染物排放量表、监测数据表	3 张表：同"一污普"
	垃圾处理场（厂）调查表	4 张表：基本信息表、污染物排放量表、废水监测数据表和废气监测数据表	4 张表：同"一污普"
	危险废物处理处置厂调查表	分别设计工业危险废物和医疗废物处理处置厂普查表；各有 4 张表：基本信息表、污染物排放量表、废水监测数据表和废气监测数据表	①不分工业和医疗，合并为一张表调查； ②4 张表：基本信息表、污染物排放量表、废水监测数据表和废气监测数据表环境统计调查表

19.3　普查核算方法

集中式污染治理设施二次污染物放量核算方法同工业企业，采用监测法、产排污系数法和物料衡算法，并且规定优先采用监测法。同时，随着企业污染排放自行监测比重明显提高，"二污普"不再做专项普查监测，在监测数据来源上优先使用企业自测数据，包括自动在线监测数据和手工监测数据。两次全国污染源普查污染排放核算方法对比见表 19-3。

表 19-3　两次全国污染源普查污染排放核算方法对比

技术规定内容	"一污普"	"二污普"
核算方法	优先采用监测数据。 监测数据来自普查监测的数据	优先采用监测数据。 监测数据来自企业自测数据（自动在线监测优先于手工）

附　件

常见问题释疑

附表 1　工业污染源常见问题释疑

序号	问题	释疑	表号	关键字
1	"03 行业类别"，行业代码的范围是否为 05-46？是否包括 514 农产品初加工活动	按照普查方案，工业源的普查范围包括国民经济行业分类中行业大类代码为 06～46 行业的工业企业或产业活动单位；清查工作中，有地方提出有些企业其主要生产活动为农产品初加工，但使用加热炉、干燥炉等设备排放污染，建议纳入普查；对于这类情况，各地实际有需要的，可以将"0514 农产品初加工"企业纳入工业源普查	G101-1 表	工业源、行业范围
2	（1）若有多个行业，运行时间不一致，G101-1 表指标 15 行业类别，以哪个为准？是否影响后期产排污计算 （2）"行业类别"，有些产品找不到对应的小行业类别，如何填报	（1）以最主要的生产活动或产品来确定行业类别。G101-1 表指标 15 行业类别，最多可以选择 3 个行业小类，根据实际生产情况，分别核算污染物产排量 （2）根据企业实际生产活动或主要产品情况，按国民经济行业分类中最为接近的行业来确定行业类别及代码	G101-1 表	行业类别
3	一个集团有几个分厂，生产一种产品，在不同地址，各分厂不是独立法人，是否共用一个统一社会信用代码	可以，在统一社会信用代码后面括号内填报顺序号	G101-1 表	统一社会信用代码
4	一家企业涉及多个行业类别时，如何与排污许可证核发衔接，清查阶段以主要的产污环节判断行业类别，普查阶段又以主要产品来判断行业类别，是否会对排污许可证核发造成影响	行业类别的划分执行国家标准《国民经济行业分类》（GB/T 4754—2017），主要根据主要生产活动或主要产品来划分行业类别，清查技术规定与普查技术规定、普查制度，在这一点要求是一致的；产污环节与生产活动或产品的类别是密切相关的，排污许可证的申领与核发管理，原则上也是按照企业的生产活动（行业）进行分类管理的，如果企业的产排污或者生产活动涉及多个行业类别，企业要根据其实际情况按照有关的技术规范申领排污许可。普查的主要目的是了解排污单位基本名录、污染源的分布、基本情况，有助于掌握了解需要申领、核发排污许可证的企业范围	G101-1 表	行业类别、排污许可

序号	问题	释疑	表号	关键字
5	G101-1 表第 12 项"受纳水体":名称和代码,若企业是先排放到污水处理厂处理之后,由污水处理厂向外排放的,受纳水体怎么填,是否填写污水处理厂排放的受纳水体	填写污水处理厂排水的受纳水体;受纳水体名称及代码,应有县区普查机构最后核定填报	G101-1 表	受纳水体
6	有企业产生废水却没有排污口,直接随意外排(进入土壤)废水的受纳水体怎么填写	填写距离排水进入环境位置最为接近的受纳水体,可以考虑废水排放位置所属的河流汇水区域来填报受水体名称及代码;受纳水体名称及代码,应有县区普查机构最后核定填报	G101-1 表	受纳水体
7	G101-1 表第 16 项"工业总产值":部分企业的总产值企业自己难以计算,是否可以等于营业额计算?部分企业是子公司,总产值只有整个集团的,无法提供子公司单独的总产值	这种情况,可以根据整个集团总产值进行估算,估算依据清楚合理即可	G101-1 表	工业总产值、子公司
8	G101-1 表第 17 项"产生工业废水":企业产生的零星废水,贮存后统一交给其他处置单位处理,不对外排放,这样的情况是否需要填报 G102 表?填报 G102 表的产生量与排放量的逻辑关系、污染物浓度如何填报	产生工业废水的,需要填报废水普查表,废水排入其他排污单位的,按照间接排放的核算原则进行核算	G101-1 表	废水产生、废水排放、填报范围
9	G101-1 表第 18 项"有锅炉/燃气轮机":垃圾焚烧是否填写此项,或填写那张表	垃圾焚烧炉填报炉窑普查表;垃圾作为锅炉燃料的,填报锅炉普查表	G101-1 表	锅炉、垃圾焚烧
10	(1)在企业规模确定中,如有单位人员仅为 5 人,营收为 5 亿元(极端假设),应认定为中型还是从人员界定确定为微型 (2)企业从业人数,是否包含第三方外包服务人员	(1)根据指标解释进行划定,这种情况划定为微型 (2)按照企业实际从业人员确定,整体业务外包服务人员不纳入	G101-1 表	企业规模
11	关于"开业时间",合并企业在没有合并前,如何根据企业营业执照确定开业时间(没有佐证材料),建议只用营业执照时间	根据实际情况填报,确实无法确定的,可视情况填报营业执照时间	G101-1 表	开业时间
12	"单位所在地及区划",某些工业区内部没有进行门牌号细分,无法具体到门牌号	无法具体到门牌号的可以不填报门牌号信息	G101-1 表	所在地、门牌号

序号	问题	释疑	表号	关键字
13	"正常生产时间",部分企业经营不稳定,有订单才生产,年生产时间难以核算	根据实际情况进行估算填报年生产时间	G101-1 表	正常生产时间、年生产时间
14	免烧转企业,也无废水、废气排放,固体物料堆存无水泥、砂石,如果也没有柴油机械,还需要填报污染物排放吗	属于工业普查对象的,应根据企业实际情况填报基本信息,如 G101-1 表、G101-2 表、G101-3 表中有关的指标;废水、废气、固体废物等产排污情况,按照实际情况填报,确实没有相应的污染,则不需要填报	G101-1 表	调查范围
15	"登记注册类型",企业营业执照上的登记注册类型不能与表格提供的完全匹配	选择最为接近的登记注册类型填报	G101-1 表	登记注册类型
16	由于企业工商户没有普查表格填报,个体户应如何填报;比如 G101-1 表中"11 登记注册类型",个体户无法选择相应的答案	普查对象填报哪类的普查报表应以其生产经营活动的性质来确定,如属于工业生产则填报工业源普查表,规模畜禽养殖的填报规模畜禽养殖场普查表;加油站填报加油站油气回收情况表;其他经营活动、且有锅炉的填报非工业企业锅炉污染及防治情况表;登记注册类型是部分普查表中的指标,以工商行政管理部门对企业登记注册的类型为依据填报。问题所问的情况,应是工业源中个人独资企业,可据此在 G101-1 表填报相应的登记注册类型,如 171 私营独资	G101-1 表	登记注册类型、个人独资企业
17	行业代码为 44 的热力企业多处锅炉房(可能 10 处以上),问题同上,填写 G101-1 表及 G103-1 表时,如何区分厂址	根据工业源普查技术规定,按照在地原则确定普查对象,以县级行政区划为划分在地的基本区域单元 (1)大型联合企业所属下级单位,一律纳入该下级单位所在地普查 (2)同一企业分布在不同区域的厂区,纳入各厂区所在区域普查 (3)大型公共供暖企业按照企业各生产场所或生产设施(锅炉)所在区域,纳入所在区域普查 据上述规定,应根据各个锅炉的位置填报 G101-1 表的地理位置。G103-1 表中排放口地理位置根据锅炉排放口的实际位置填报	G101-1 表	地址、供暖行业、锅炉
18	工业企业有多处锅炉房,有的锅炉房既为生产使用,又为供暖供热使用,有的锅炉房为员工宿舍(与厂区非同一地址)供暖,在填写 G101-1 表时,如何体现;填写 G103-1 表时,如何体现区别,区分不同厂址	工业企业位于生产厂区的锅炉,既为生产使用,又为办公、生活区供暖供热使用,按照工业企业生产锅炉填报,填写 G101-1 表"有锅炉/燃气轮机"一栏时,选择"1 是",并填报 G103-1 表。G103-1 表中排放口地理位置根据锅炉排放口的实际位置填报 不在生产厂区的、专为职工宿舍或生活区供暖的锅炉,按照生活源锅炉填报 S103 表	G101-1 表	地址、锅炉

序号	问题	释疑	表号	关键字
19	某个企业，无生产废水产生，只有职工生活污水产生，在G101-1表中，17项是否可以选择"2. 否 无工业废水产生"	选择"2. 否 无工业废水产生"填报	G101-1 表	工业废水、生活污水
20	对于大型联合企业（如中石化吉林油田分公司），有多家分厂（分公司）分布在不同地区（或县区），企业统一社会信用代码相同，但不在同一县级行政区域，企业统一社会信用代码的识别码还遵循顺序填报吗	不在同一区县的不需要编报顺序码，同一区县的为了区分不同填报对象需要	G101-1 表	统一社会信用代码
21	劳改监狱的工厂，有污染源但不销售，涉及营业执照、工业产值、定位等信息如何填报	该类工厂若为合法经营，应均有营业执照等，按实际情况填报	G101-1 表	填报问题
22	企业负责人、审核人、填表人、均为企业人员	均为企业人员，但应由不同人员担任	G101-1 表	填报问题
23	2017 年上半年属于企业的一个车间，下半年被另一家企业收购，注册为独立的企业。此类情况如何填报	以下半年注册的独立企业填报企业的基本信息，其他指标按照上半年一个车间和下半年一家企业分段核算后加和作为该企业2017年全年的量	G101-1 表	填报问题
24	有些企业的行业名称有问题，对入户有影响吗	行业名称若有误，入户时改正即可	G101-1 表	填报问题
25	如果在"清单"中找不到相对应的"四同"信息，如不是就不用填此表	"四同"的概念主要是用在产污系数的表达中，产污系数的表达中，主要根据产品原料、工艺、规模等对企业污染物产生有直接影响的因素进行估算，若均无，则根据系数的分级分类，以提高系数的代表性，即生产相同（或类似）的产品、使用相同（或类似）的原料、采用相同（或类似）的工艺、具有相同（或类似）的规模等的企业某种污染物的单位产品（或原料）产污量接近。为了容易记忆，大家俗称为"四同"。实际上，除产品、原料、工艺、规模外，还有其他影响因素对污染物产生量具有影响，如石油采选行业的油田类型，有些行业污染物产生量影响可能只与上述4 个影响因素中的一个或几个有关系，达不到4 个因素。所以"四同"只是一种约定俗成的说法。且在普查表中，"四同"的信息分布在不同的表单中，如 G101 表和 G106 表等	G106-1 表	"四同"表

序号	问题	释疑	表号	关键字
26	清查的企业还在，但是现在已经被拆除，无法填报，是否可以不纳入普查范围；有些倒闭的企业、企业负责人、全年产值填不上，这样的报表应该怎么处理呢，对于已拆除找不到联系人的企业能否直接提供一下证明材料后在系统中启动禁用，不填报G101 表企业基本信息表	有证明材料后，可不需要进行填报	G101-1 表	填报问题
27	生产能力与实际产量共用计量单位有些不妥，因为产能力的计量单位可能是吨/年、兆瓦、蒸吨/小时、米/秒等，而实际产量的计量单位一般为吨、米、千瓦时等，因此建议在实际产量前加设一列计量单位	填报的生产能力按年设计产能计入；如果设计产能不是以年计，则折算成每年的设计产能填报，单位应与实际产量一致	G101-1 表	基本信息填报
28	企业废水排入集中式污水处理厂的，为何不在集中式污水处理厂统一填报	集中式污水处理厂区分工业企业和生活污水的处理量和污染物排放量存在较大困难，从企业端更容易实现排放量的合理拆分	G101-1 表	纳管企业、污染物核算
29	不需要填报的空白表格，是否需要企业（调查对象）签字和盖章	空白表格不需要签字和盖章	G101-1 表	签字、盖章
30	G101-1 表中，对于水泥企业中有工业固体废物均作为水泥原料综合利用或处理，28.有工业固体物料堆存和 30.一般工业固体废物中堆存和一般工业固体废物处置应该怎么填，是否勾选	（1）如果工业固体废物属于《工业企业固体物料堆存信息》表中指标解释所列的堆存物料范围的，需要勾选"有工业固体物料堆存"，并填报相关表格 （2）如果不产生工业固体废物，则不需要勾选"一般工业固体废物"	G101-1 表	一般工业固体废物
31	"生产工艺名称/代码"：一种工艺对应多种产品的应该如何填报；填表说明中注明的"最多填写两种主要生产工艺"如何理解；是针对一个产品最多填写两种主要生产工艺，还是针对一个企业最多填写两种主要生产工艺	一个工艺对应多种产品的，不同产品分别填报。在"二污普"污染核算使用的产品原料生产工艺分类目录中已列出的产品、工艺，要按照给出的产品（或工艺）名称及代码填报；最新印发的报表制度中已取消"最多填写两种主要生产工艺"限制	G101-2 表	主要产品、工艺
32	工业企业主要产品生产工艺基本情况，生产工艺是否需要填报生产能力和实际产量	每种产品填报对应的生产工艺、生产能力、实际产量	G101-2 表	生产能力、实际产量
33	（1）炼焦厂用煤是填原材料还是填主要能源消耗 （2）煤炭洗选生产中煤按损失计吗；还是属于产品的就不算损失量	（1）炼焦厂用煤情况在 G101-3 表主要能源消耗量指标中填报，在"使用量""用作原辅材料量"中填报煤炭的用作原料量 （2）煤炭洗选中煤按损失计，煤炭洗选中的煤等通过物理方式加工形成产品的，加工过程损失的量均按照损失量计为能源使用量	G101-2 表	能源消耗

序号	问题	释疑	表号	关键字
34	部分小微企业全年生产量、原辅材料未记录电量、水量，也无具体记录，该如何填报	根据生产实际情况和财务账目估算	G101-2 表	生产记录
35	部分医药企业实际产品中间产品远多于 20 种，如何选择；按产值选，污染物排放选还是确保所有排污点都予以保证进行选择，企业往往一套设备生产几种甚至十几种产品，产能如何核算	本次产排污核算充分考虑了上述情况，采用可拆分、可组合的核算方法；企业根据产污核算需要的条件组合，根据相应的工序和产品种类来填报；产品已经根据产排污特征进行了归类；一套设备生产多种产品，如在产污核算表中是不同种类的产品产污系数不同，应按种类分别填报；最后根据各自的产污和排污核算结果加和	G101-2 表	基本信息、产品
36	一些家庭式的小作坊污染物排放量不外排（只在自建房中的家具制造，不喷漆，只有颗粒物产生，且不外排）已经在清查目录中，现在是否需要纳入普查	有污染物产生，需要纳入普查"二污普"工作要求先组织清查，根据工商、统计等部门的单位名录筛选形成清查底册，并按照普查方案规定要求的普查对象和范围，通过实地排查确定普查对象名录，已纳入普查对象名录的污染源应纳入普查填报普查表	G101-2 表	调查范围
37	生产能力要求填 2017 年实际生产能力，那么与后面的实际产量是一样吗；生产能力是填报企业的设计规模，还是实际生产能力；实际能力是否可以理解为：环评批复一个设计能力，实际生产的过程中，达不到当初的设计能力，分为几期建设才能达到环评批复的设计能力，目前实际已建成达到的能力	生产能力指在计划期内，企业（或某生产线）参与生产的全部设备（包括主要生产设备、辅助生产设备、起重运输设备、动力设备及有关的厂房和生产用建筑物等），在既定的组织技术条件下，所能生产的产品数量，或者能处理的原材料数量。如果企业全年满负荷生产，生产能力即产量，未满负荷生产的，实际产量低于生产能力如果企业分几期建设，按照 2017 年年底实际建设达到的生产能力填报	G101-2 表	生产能力
38	（1）"生产能力"与"实际产量"的逻辑关系：如果企业因为订单过多、过大，超负荷运行生产，导致"实际产量"大于"生产能力"，这个情况如何填报（2）部分企业无法提供生产工艺的生产能力，也没有相关资料，如何填报	（1）实际产量大于生产能力这种超负荷生产的情况是存在的，按实际填报即可（2）确无法提供证明资料的，根据可提供的资料进行估算，估算依据清楚合理即可	G101-2 表	生产能力
39	部分企业无法提供详细的生产工艺流程图，没有相关资料，企业只能画出简单的示意图，如何填报	生产工艺不等同于生产工艺流程图，根据清单选取即可，若清单中没有再根据实际情况填报	G101-2 表	生产工艺

序号	问题	释疑	表号	关键字
40	针对 G101-3 表： 请问，填报助手中，硅冶炼行业的原辅料中炭质还原剂代码为3218B003，实际生产中企业生产使用的炭质还原剂主要包括木炭、精制煤等，如果按培训要求要填写在主要能源消耗栏中，那指标解释表2中代码和原辅料代码不一致。这里应该是根据炭质还原剂填写在主要原辅材料栏中，还是根据实际能源名称按照指标解释通用代码表2中选择填写在主要能源消耗中，如此则不会提现炭质还原剂这一原辅料名称，是否可行 类似还有炼焦行业，填报助手中原辅材料为炼焦煤，对应代码和指标解释通用代码表2中不一致，是否也是按代码表2中代码名称要求填写在主要能源消耗栏中	木炭、精制煤在硅冶炼中是还原剂，不是原料。填写在原辅料中，填写相应的代码同一种物质有可能是原料，也有可能是产品，还有可能是燃料，根据物质实际功能填写，代码填写相应的	G101-3 表	填报
41	主要原辅材料使用和主要能源消耗区分标准是什么；报表制度G101-3 表说明中第二条说同时作为能源、原辅材料的只填写能源消耗指标，这里的能源具体指什么 如果煤同时作为原材料与能源填在能源处，那么如果煤只作为原材料，填在哪里	这是按照统计管理部门对于统计（普查）制度的要求而规定的，即属于报表制度附录"燃料类型及代码表"的所列的能源或燃料，无论其作为能源还是作为原辅材料使用，其使用量在能源消耗情况中统计，不在原辅材料使用情况栏填报有关（使用消耗情况）指标按上述解释，煤，无论是作为燃料还是原辅材料，均在 G101-3 表中能源消耗情况指标的能源使用量中填报，其中作为原辅材料使用的，还需要填报用作原辅材料量	G101-3 表	能源、原辅材料
42	油气开采企业 G101-3 表主要原辅材料名称是低渗透油 80%～90%，那么原辅材料使用量怎么填	根据普查办下发的产品、原料名录填报，如不在名录内，则按实际使用情况填报	G101-3 表	原辅材料
43	关于能源消耗量的，不能重复计量的问题，即焦化的怎么填；焦化使用大量燃煤，但又产生焦炭（也是一种原料），应该如何处理	按照指标解释的规定，仅填报从厂外购买的原料和能源，那么对于焦化企业，仅需要填报煤炭消耗量，并在其中用作原辅材料量中填写用于炼焦的煤炭量	G101-3 表	能源、焦化、原辅材料

序号	问题	释疑	表号	关键字
44	（1）对于与产品、主体工艺等无关的物质，如生产设备维修使用的机油、润滑油，是否作为主要原辅材料纳入本表的统计和填报中，如果量少不填报量多就填报，临界量又是多少 （2）普查对象的用电能为"电"，是否填报该表 （3）汽车生产企业，试车用汽油是能源还是原材料 （4）企业的备用柴油发电机，柴油使用量是否填在此表"主要能源消耗"部分 （5）部分企业的备用柴油发电机，只有在设备保养的时候才会短时间的空开，其他时间不使用，柴油使用量企业也不清楚，废气产生量较难估算，该情况如何填报	（1）报表制度附录"燃料类型及代码表"的所列的能源或燃料，作为原料的使用量也应在能源消耗情况栏填报；但若与主体生产工艺无关的，确与污染物产生、排放关系不大，且使用量可忽略的，如少量的润滑油、溶剂油可以不纳入统计、填报 （2）电力、热力消耗或使用量不填报 （3）作为能源进行填报 （4）需要进行填报，是填报在"主要能源消耗部分" （5）根据实际消耗情况进行填报，不需要估算废气产生量，在本报表中仅填报能源消耗情况	G101-3 表	能源
45	工业企业很多表格的内容，如用水量、原辅料用量等很多企业都没有相应的账单，仅有口头估算的值，是否可以采信	没有直接账单的，根据其他相关辅助材料进行估算，提供情况清楚合理的，可以采信	G101-3 表	台账、佐证材料
46	工业生产活动用水主要包括工业生产用水、辅助生产用水；职工食堂属于附属生产，应属于工业生产活动，单独计量、单独排放的食堂污水，是否纳入用水量、排水量统计；排入市政管网的生活污水，在何处定位排污口	"取水量"指标解释在最新印发的文件中已调整，食堂污水如果单独计量且生活污水不与工业废水混排的水量不计入取水量，已在指标解释中明确规定；生活污水排放口在排出厂界的排放口定位	G102 表	生活污水
47	如果一个企业的废水都循环利用，是不是就不用填写工业企业废水治理与排放表	仍需要填报取水和废水治理信息	G102 表	废水治理、循环废水
48	针对无工业废水产生的企业，厂区附属生活（包括厂区绿化、职工食堂、生产厂区非营业的浴室和保健站、厕所等）用水量较大，产生的废水是否纳入核算	不纳入；已在指标解释中予以说明	G102 表	生活污水
49	G102 表第 18 项，排放口地理坐标是否是必填项，有些企业没有设置规范排放口，直接进入市政管网，如何确定排放口	接入市政管网的，按照废水排出厂界的位置确定为排放口	G102 表	排放口位置

序号	问题	释疑	表号	关键字
50	请问一家公司仅建设厂房，没有实际生产行为，厂房另外租给3家公司从事陶瓷生产；这3家陶瓷企业的生产废水共用一套沉淀池，这套沉淀池的所有人是房东；那么，这3家有生产行为的企业的废水治理设施怎么填报；如果这套沉淀池处理能力满足不了这3家公司产生的废水总量，那么这几家企业的外排废水算有治理但是超标排放还是按直排填报	（1）废水治理设施由废水处理量最大的企业来填报，该企业处理的另外2家企业的废水，记为"处理其他单位水量"；（2）若废水总量超过治理能力，未经治理的废水直接排入外环境的，则按直排填报。废水处理量与是否超标没关系，处理后仍然超标的也算处理量，未经治理达标排放的也不能算作处理量	G102表	废水排放
51	污染物产生量、排放量采用产排污系数或原辅料用量计算，如果二者得出数据相差较大，应该以哪个为准；厂界排放浓度低于污水处理厂的排放浓度，以污水处理厂为准，这样核算出来的排放量会不会高于产生量	采用系数法或因为利用污水处理厂出口浓度核算，使得产生量小于排放量的，按照产生量等于排放量处理	G102表	
52	小型制衣厂、电脑绣花厂等几乎只有生活污水和极少量工业废水混排，核算如何进行；是否可只填基本信息，污水计入生活源污水	与工业废水混排的生活污水量，应计入工业废水排放量。需要根据企业生产工艺及用排水实际情况判断，其工业废水及污染物排放是否纳入统计	G102表	工业废水、生活污水
53	部分机械行业企业工艺流程只有切割、焊接等，不涉及工艺废水，但只有量办公楼、食堂等生活废水和车间地面冲洗及锅炉排水等废水混排，工业企业普查时是否需要统计；企业没有工艺用水，少量的车间清洗用水混入生活污水排放，算不算产生工业废水	若没有工艺废水，仅有办公、生活用水，车间清洗仅是从清洁卫生角度考虑，则不需要填报废水治理与排放状况；若是冲洗生产过程的污染而产生的废水，则需要填报工业废水情况；有锅炉排水的需要填报废水治理与排放状况，请根据实际情况确定	G102表	用水量、废水排放量、混排
54	废水排放量中，排入集中处理设施的废水也要核算排放量；那么会不会与集中式污染治理设施排放量重复计算；或者排入其他企业的废水，如果按排入企业处理后浓度核算排放量，而处理企业边计算这部分量是否重复计算	污水集中处理设施不计算废水及污染物排放量，只计算去除量，与接入废水的企业不重复排入其他企业的废水，处理企业的废水及污染物排放量要扣除接入废水的企业的水量，不重复计算	G102表	纳管企业、污染物核算

序号	问题	释疑	表号	关键字
55	40. 无外排的企业，自备水厂的水全部回用，但处理站有溢流口，是否算一个排污口	需要判断溢流口是否有废水排放，以及在何种情况下排放，如果仅是在暴雨状况下溢流，那么等同于雨水排放口，不计入排污口数量，如果日常经常性溢流且外排，则视同企业总排放口处理	G102 表	排放口数量
56	企业生产废水处理回用，生活废水、事故应急水和雨污进入水厂，如何填报	事故应急水作为工业废水，应予以统计	G102 表	废水排放量
57	企业废水先分质处理，分质部分回用，余水再集中处理，算几套设施	1 套	G102 表	废水处理设施数
58	排入污水处理厂、其他企业处理设施的"废水排放量"是否需要填，污染物排放量不管排入的处理单位处理后水的去向都需要排口浓度进行核算吗；如果排入的企业处理完的水作为中水回用剩余的作为浓缩分盐处理无任何外排污染物排放量还需要填写吗	根据普查报表制度设计、污染排放量核算的逻辑关系考虑，企业废水经污水处理厂、其他企业处理设施的，该企业的废水排放量及污染物排放情况，应按照其废水经过污水处理厂或者其他企业处理后最终排放的实际情况填报、核算	G102 表	纳管企业、污染物核算
59	若出现废水污染物产生量小于排放量的情况，填报产生量还是排放量	产生量按照等于排放量填报	G102 表	产生量、排放量、核算
60	污水厂排入河道入河，但是由于河道位于园区内，实际是排污渠，这种排污去向如何填报	按照排入河道填报排水去向类型等信息	G102 表	废水排放去向
61	有工业废水产生，但排入放市政管网或园区污水处理厂的还要填 G102 表吗	此类情况，仍需要填报 G102 表	G102 表	纳管企业
62	有两受纳水体怎么办；受纳水体是否必填；无废水排放的企业是否需要填、废水排放到封闭泡沼的，受纳水体如何填报	（1）可选择水量较大排放口对应的受纳水体进行填报 （2）无废水排放的不需要填报 （3）填写距离排水进入环境位置最为接近的受纳水体，可以考虑废水排放位置所属的河流汇水区域来填报受纳水体名称及代码，若废水排入沼池没有进一步外排，可以不填报受纳水体	G102 表	受纳水体
63	生产用锅炉用水循环，若水不用排出，该水是否算取水量	锅炉用水应计入取水量	G102 表	取水量

序号	问题	释疑	表号	关键字
64	企业排入江河的废水总排放口坐标位置不明确	若无规范化排污口，则废水出厂界的点记为排放口坐标	G102 表	
65	处理方法名称/代码：无动力生化处理池（化粪池）的出力方法名称及代码填什么	可填 5400 其他厌氧	G102 表	
66	19.废水排放量生活废水的排放量几乎无法提供，通过用水量折算吗，怎么折算	若生活用水单独计量且不与工业废水混排，则不计为工业废水排放，否则记为工业废水排放，可用排水系数（一般取用水量的 0.8～0.9）折算	G102 表	
67	关于"取水量" （1）企业自行去河道水用于生产，是属于"自备水"还是"水利工程供水"；企业自身回用水量是否计算到"取水量"；是否包括间接冷却水的损耗取水量；其他工业企业供水，是否包括本企业自行处理后回用水量 （2）如果厂区分为车间水和办公楼，但是用水量分不开，车间只有零星废水产生，请问这样的企业取水量和废水产生量算不算办公楼的，该如何核算 （3）取水量不考虑，单独计量，且生活污水不与企业废水混排的生活用水水量，但排放口、排水量，处理设施要考虑单独处理的生活污水，是这样理解吗	（1）自行取水按自备水计；自身回用水不计为取水量；间接冷却水损耗量若能够计量则计入；其他工业企业供水包括从其他企业获得的废水自行处理后使用的量 （2）有工业废水的，生活取水无法单独计量的，均计入取水量 （3）单独计量且不与生产废水混排的生活污水，不计取水量和排水量，仅考虑排放口信息，生活污水治理信息不强制调查，根据实际情况由各地自行确定是否填报	G102 表	取水量
68	部分企业产生的零星废水，经贮存后交给其他处置单位处理，不对外排放，此类企业是否需要填报此表；若填报此表，废水的产生量与排放量、污染物浓度如何填报，零星废水企业没有监测数据	产生工业废水的均应填报，排入其他单位的，按间接排放要求填报即可	G102 表	废水普查表填报
69	"废水治理设施编号"和"废水总排放口编号"：没有编号的由谁来编号	由填报对象进行编号	G102 表	编号
70	处理效率可不可以按设计效率填报	处理效率是实际效率，不能按设计效率填报	G102 表	处理效率

序号	问题	释疑	表号	关键字
71	部分企业有废水产生，但无废水排污口，废水在厂内暂存后用罐车抽排的，废水排放量、废水去向和排污口信息如何填报	抽排的量、抽排后的去向和抽排的地点作为废水排放量、废水去向和排放口信息填报	G102 表	排放去向
72	"三、废水排放情况"中"废水总排放口名称"怎么填；在指标解释中没有说明，是按什么规范来命名；是否可用"×××企业废水总排放口"来命名	由填报对象根据本厂实际情况自行命名	G102 表	废水排放口名称
73	工业企业废水治理与排放情况G102 表里面的取水量指标解释是说不含独立外排的生活用水，废水排放量也是不包括独立的生活污水，那么如果企业生产上不用水，只有生活污水的话，是不是可以理解成这里的废水排放量可以不填	是的，都不填	G102 表	无生产废水
74	企业生活污水单独排放，经化粪池处理，算 1 套处理设施吗	生活污水治理设施不强制纳入调查，根据实际情况由各地自行确定是否填报，纳入填报的计为 1 套治理设施	G102 表	生活污水
75	关于处理方法 （1）"处理方法名称/代码"，处理方法需个人判断，增加出错的可能，建议修改为可选 （2）"（五）指标解释通用代码表"中的"表 1 废水处理方法名称及代码表"，若没有小类，写大类吗	（1）可以多选，按照组合填报 （2）根据实际情况选择填报即可，没有小类就填写大类	G102 表	处理方法
76	企业生产废水排入污水处理厂的，是否按污水处理厂的污染物排放浓度计算企业污染物的排放量；废水污染物排放到污水处理厂，其厂界排放浓度低于污水处理厂排放浓度，企业厂界排放量按污水处理厂浓度计算排放量，这样会增加企业排放量，该如何处理	这种误差在整体样本中可以忽略，考虑实际可操作性按照这样的方式进行处理	G102 表	间接排放排放量
77	技术规定要求进入污水处理厂的废水，其污染物排放量按污水厂出口浓度计算，对于特征污染物（如重金属）极有可能出现园区工业企业排放量之和远小于园区污水厂该污染物排放量	对于污水处理厂，若没有专门的重金属处理工艺的，仍按照工业企业车间排放口进行核算，用园区工业企业出口核算排放量的，仅限于有专门处理重金属废水工业的情况，这样一般是同类型的废水，不会造成排放量的明显低估	G102 表	间接排放

序号	问题	释疑	表号	关键字
78	工业园区内有统一的污水处理设施，对园区内所有工业企业的污水进行统一治理，整个园区只有一个排水口，该园区的污水治理机构，我市已将其作为独立的单位照到集中式污水处理进行普查；请问，园区内的工业企业填报 G101-1 表、G101-2 表、G101-3 表还需填报 G102 表吗	需要，工业园区普查表主要调查园区的概况和园区本级的环境管理情况，园区内的工业企业应按照工业源普查要求，填报工业源普查表	G102 表	废水、园区企业、普查表填报
79	若厂区污水经城镇管网进入污水处理厂排放，如果污水处理厂远离市区、而排放口不在本级普查机构普查范围内，如何填写	按照工业源普查技术规定和普查制度的规定，如实填报	G102 表	排放口
80	表中没有列明的重金属污染物如何填报，如镍	未纳入普查范围的不予填报	G102 表	污染物填报
81	如果厂区有生活污水，经过处理设施排入自然水体，是否填报	若企业仅有单独的生活污水排放口或间接冷却水排放口，无其他工业废水，不要求填报生活污水排放口或间接冷却水排放口	G102 表	生活污水
82	废水治理设施数是否含除厂区内工业生产废水处理之外的单独的生活污水处理设施，是否需要按照废水处理设施单独进行填报	厂区里单独的生活污水治理设施不用填报。地方普查方案有另行要求的，按照地方普查方案执行	G102 表	单独生活污水处理设施
83	废水处理设施中处理后废水去向的废水回用问题：一是回用属于主体工艺（如某些化工、医药行业），这些回用量可能在产排污系中就已经有所考虑，则用产排污系数法时，其废水排放量就不需要考虑这个环节；二是回用属于末端再生水（如经过增加主体工艺中不是必须的末端治理工艺，再生水用于厂区清洗、绿化等使用），这些回用量在产排污系数中可能就没有考虑。则使用产排污系数法时，其废水排放量是否应该扣减	监测数据法获得的废水排放量相对精确，使用系数法核算的废水排放量仅能代表平均水平，具体到某个企业，存在一定偏差是不可避免的。对于工艺过程水的回用在产污系数制定时已经考虑，而对于处理后再生水的回用情况比较复杂，各企业回用量和回用途径差异性较大，在 G102 表中给予考虑	G102 表	废水排放量
84	余热回收锅炉的燃烧方式怎么填	余热利用锅炉、其他锅炉、燃气轮机不需要填报燃烧方式指标	G103-1 表	燃烧方式

序号	问题	释疑	表号	关键字
85	辽河油田共涉及 9 000 个左右加热炉，每个企业大约有四五百个加热炉，报表填报时该如何填报；是按数量顺序填报，还是有其他规定	加热炉按大于等于和小于 14 MW 两种类型，分别填报两类加热炉总的燃油和燃气量即可，不需要每台加热炉都填报 1 张表	G103-1 表	加热炉
86	工业锅炉，锅炉监测数据报告分月份或季度，冬季与其他季节数据偏差很大，填报时取平均值还是选取特定季度或月份填写，企业拥有多台锅炉并且额定出力不同，统计的用气量只有全年总量，每台锅炉用气量应如何填写	采集符合规定的监测数据的年均值。全年的用气量按照每台锅炉的年实际运行时间和额定出力综合估算拆分	G103-1 表	监测数据、燃料消耗
87	集中供热单位或热电联产单位的 G103-1 表中"11 工业锅炉用途"应选择"生产"还是"采暖"或者都选	集中供热单位锅炉用于视其服务对象的用途，主要用于生产就填生产，主要用于采暖就填采暖；同时有的一般不多，因为不同用热需求对供热压力要求不同，确有两种用途的可以多选。热电联产单位的锅炉应为电站锅炉，不需要填报"二、工业锅炉基本信息"	G103-1 表	工业锅炉、用途
88	工业企业厂区办公楼供暖或制冷的锅炉，清查时已列入"生活源锅炉"，普查时应该填报 G103 表，还是填报 G103-1 表	如果清查已调查，则不再重复调查；如果清查没有调查，则应纳入	G103-1 表	工业锅炉、生活源锅炉、填报范围
89	备用锅炉是否填写；供暖锅炉填写 G103-1 表时，表中的信息可能不是全都有，如何填报	（1）备用锅炉需要填报 （2）仅填写涉及的指标，不涉及留空即可	G103-1 表	备用锅炉、指标填报
90	余热炉窑如何填报，如某企业用锅炉尾气去直接加热烘干原料（木屑），排放标准执行炉窑标准的，排污口按锅炉，还是炉窑	余热炉窑、余热锅炉在炉窑、锅炉表中按实际情况填写，但污染物排放口和排放量均在产生污染的生产设备相关表中填报，所以这种用锅炉尾气的，若污染物都是从锅炉燃烧产生的，按锅炉排放口填报	G103-1 表	余热炉窑、余热锅炉
91	有些企业物料是间接加热，烟气是按锅炉还是按炉窑填报	锅炉是利用燃料或其他能源的热能把水加热成为热水或蒸汽的机械设备 工业窑炉主要是指那些利用燃烧反应把材料加热的装置，与是否间接加热没有直接关系，请根据加热设备的具体情况选择填报	G103-1 表	锅炉、炉窑、间接加热
92	燃气锅炉无任何废气治理措施，是否还填报污染物产排放信息	无治理设施的，废气污染物按直排核算，需要填报	G103-1 表	无治理设施
93	若发电厂的发电机组是多台轮流发电，而非全年连续运作，对应的在线数据也不能连续，但是机组工作的时段内都有连续的自动在线监测数据，请问这种情况是否可以使用在线数据计算污染物排放量	可以使用对应机组工作时间的在线数据计算污染物排放量	G103-1 表	监测数据

序号	问题	释疑	表号	关键字
94	G103-1 表第三部分燃料消耗量中的"发电消耗量"和"供热消耗量",是否只针对电站锅炉才需要填报	是	G103-1 表	
95	"燃料低位发热量",此项很多企业都没有具体数据,要如何填报	如果小企业确无检测数据的,可咨询区县普查机构、采用本地区有检测数据企业结果的平均值填报	G103-1 表	燃料、低位发热量
96	锅炉用的燃料量,填写了"燃料消耗量",是否还需要填报G101-3 表中的"能源消耗"部分	仍需要在 G101-3 表中填报	G103-1 表	能源、燃料
97	垃圾焚烧发电是否填报此表	有锅炉的均需要填报	G103-1 表	垃圾焚烧发电
98	工业源部分报表中,"工业废气排放量"以标态体积计,计算公式是否有	根据监测结果或产排污系数核算填报即可	G103-1 表	工业废气排放量
99	低氮燃烧是否只有个具体的范围	只要是专门进行设计,有相应经济投入并能够稳定实现降低氮氧化物产生的燃烧方式,都可以算作低氮燃烧	G103-1 表	低氮燃烧
100	部分有脱硝工艺企业,采用低氮燃烧+SCR 技术的,没有入口在线,脱硝效率如何填报	可采用产污系数先计算产生量,再核算脱硝效率	G103-1 表	填报问题
101	油田中生产用锅炉排放口都需要现场采集坐标;一般这些锅炉较分散且数量较多,如有一个县类似锅炉有 2 000 多台,这种情况均需要逐一现场定位填报吗	首先请核实油田生产用的是锅炉还是加热炉,如果确属锅炉,则按报表制度逐台定位填报;若为加热炉,可将相同类型、规模和燃料的加热炉合并填报,不需要填报排放口信息	G103-1 表	锅炉定位
102	国家 2018.9.30 答疑中,第 301 条"非电站锅炉需要填报燃料消耗量,只是不用区分发电消耗量和供热消耗量,也就是说不用填报指标 19、20、27、28,但指标18 和指标 26 是需要填报",在使用电子表格时发现,无法直接填报18、26 指标,表格设计 18 和 26项指标只能由指标 19、20 和指标27、28 加和得到,如何处理	修改电子表格,若填报 09 指标,则允许直接填报第 18 和 26 项指标	G103-1 表	非电锅炉燃料填报
103	请问 G103-1 表,供热量是不是只是热电联产企业填报;一般工业锅炉是不是无须填报	热电联产必须填报,工业锅炉不要求填报	G103-1 表	热点联产、工业锅炉

序号	问题	释疑	表号	关键字
104	请问余温余压锅炉用填报工业锅炉表吗	需要,余热锅炉需要填报锅炉的基本情况;污染物产生排放、治理设施情况在余温余压产生的生产设备中填报	G103-1 表	余温锅炉、余压锅炉
105	2017 年上半年烧煤,下半年拆除燃煤锅炉,换天然气锅炉,企业只有 1 台锅炉,填的时候填 2 台锅炉	按拆除前后,视为 2 台锅炉填报	G103-1 表	工业锅炉
106	电厂的燃料是生物质燃料,在附录(五)表 2 的燃料类型及代码表里,没有生物质燃料的选项,请问可以参考哪个选取折标系数	选择附录(五)表 2 中"生物燃料"选项	G103-1 表	生物质、燃料
107	如果非金属矿物制品采用隧道窑(或竖窑)进行煅烧,燃料采用的是煤气发生炉置换的煤气,炉窑类型应该选用烧成窑还是煤气发生炉呢	煤气发生炉填写制煤气环节的情况,隧道窑填写烧成窑环节的情况	G103-2 表	炉窑类型
108	石油勘探企业或原油输送(管道)企业的加热炉,类似石化企业工艺加热炉,属于自行研制,填 G103-2 表或 G103-8 表均不是很合适,如何填报	按照企业所属行业填报,如属于石化企业范畴,则填报 103-8 表;如不是,则填报 103-2 表	G103-2 表	工业炉窑、加热炉
109	对于电解铝厂有 108 台电解槽,其拥有 1 套治污设施和 1 个废气排放口。请问:这 108 台电解槽按 1 个炉窑计还是按 108 个炉窑计	电解槽归入炉窑类型中的"其他炉窑"类别,108 台电解槽打包为 1 套炉窑设施填报	G103-2 表	工业炉窑
110	请问小作坊式的热风炉,没有铭牌之类的,填写炉窑表时炉窑规模如何填报呢	可根据热风炉购置、安装时的资料填报	G103-2 表	热风炉
111	污染物治理设施填主要污染物的产排污量与每台炉窑均要调查,不太容易理解,如何填报	1 个炉窑可能有多个排放口、多套污染治理设施,但因简化报表,故未按照每个排放口、每套污染治理设施进行填报,但需要填污染治理设施的信息,该套污染治理设施可选择排放量占比最大的排放口所对应的污染治理设施进行填报;但废气污染物产排量要按照每个炉窑来填,包括该炉窑产排的所有废气污染物	G103-2 表	
112	热风炉属于锅炉还是工业炉窑	炉窑	G103-2 表	热风炉
113	如炉窑用能为电,是否填报该表	用电炉窑需要填报 103-2 表	G103-2 表	炉窑

序号	问题	释疑	表号	关键字
114	用于产品检验的汽油、柴油是作为原辅材料使用还是能源消耗	填报 G101-3 表"二、主要能源情况",并填报为用作原辅材料量	G101-3 表	原辅材料
115	G103-3 表钢铁与炼焦废气表的说明 3 中:焦炉、装煤等烟筒排放口超过 1 个的,可自行复印表格填报,是不是指一条炼焦生产线如果有两个焦炉排放口,要分别填表,但是在其他行业的专表里没有这样的说明,如炼钢生产线,如果一条炼钢生产线有两个主要排放口是否要分表填报,还是只选一个排放量最大的口填报	重点行业表中一条生产线主要排放口有多个的,每个要分别填,网页填报的话,在该生产线上可向下扩展,纸表需要复印填报	G103-3 表	炼焦
116	对于 G103-3 表中,第 13、14、15 和 16 项指标,其中第 13 项硫酸产量、第 14 项硫黄和第 15 项煤焦油产量是按折纯量计算吗;煤气产生量是按标立米计吗	硫酸、硫黄、煤焦油和煤气均指实际量	G103-3 表	煤焦油煤气
117	对于 G103-3 表、G103-4 表、G103-5 表、G103-6 表中均包括"一般排放口及无组织",具体指标包括工业废气排放量、二氧化硫产生(排放)量等指标,一般排污口又比较多,这部分是分别填报还是分类填报还是累计在一起填报	累计在一起打包填报	G103-3 表	排污口打包填报
118	一般排放口及无组织排放,例如,粗苯管式炉、半焦烘干和氨分解炉等燃用焦炉煤气的设施等,请问这部分工业废气排放量、二氧化硫产生量等指标是采用产排污系数逐个计算然后再累加后填报吗;另外,无组织排放也是这样计算吗	根据正式下发的产排污系数手册,如果对于每一个设施均给出产排污系数的话,则逐个设施核算再累加,如果没有具体系数则进行整体核算,无组织核算也按此原则	G103-3 表	一般排放口及无组织排放
119	钢铁中烧结机在目前提供培训参考的排污系数手册中没有区分机头、机尾、一般排放口的,但如果采用排污系数法核算的话,G103-4 表中各排放点的污染物如何计算	目前培训参考的排污系数手册只是作为示例,非正式版;根据普查办沟通协调,正式下发使用的产排污系数手册,会按照机头、机尾、一般排放口及无组织分别给出核算系数,填报时需分别核算	G103-4 表	产排污系数

序号	问题	释疑	表号	关键字
120	锰冶炼，富锰渣的生产有高含铁、高含磷、低含锰的副产铁，工艺上也有高炉，要不要填有铁冶炼 G103-5 表	若产排污系数支撑，可填报 G103-5 表	G103-5 表	锰冶炼
121	单独压延企业是否需要填写炼钢、炼铁的表格	不需要。压延工艺产污需要填报 G103-13 表	G103-6 表	钢铁企业填报范围
122	炼焦、烧结、炼铁、炼钢中具体还有哪些工序可能填报其他表格	这 4 个工序全工序都填报在重点行业表中，各工序涵盖范围见指标解释，钢铁行业锅炉填报 G103-1 表，其他炉窑填报 G103-2 表，其他工序填报 G103-13 表	G103-6 表	
123	水泥窑协同处置生活垃圾，水泥转窑和垃圾分解炉共用窑尾废气排气口，如何选择报表；是否同时涉及工业、集中式的表	将协同处置的情况同熟料生产均填报在 G103-7 表（水泥企业熟料生产废气治理与排放情况）中，协同处置危险废物的需要将危险废物处置情况填报集中式表中，协同处理生活垃圾不需要填报集中式的表	G103-7 表	水泥窑协同处置
124	水泥窑协同处置生活垃圾，水泥转窑和垃圾分解炉共用窑尾废气排气口，如何选择报表；是否同时涉及工业、集中式的表	水泥窑协同处置生活垃圾的，仅填报工业源报表；水泥窑协同处置危险废物的，需要同时填报工业源和集中式报表	G103-7 表	水泥、协调处置、垃圾
125	"加热炉规模"培训解释要填写实际规模,若无依据的是否参照设计文件，指标解释为设计规模	按照实际建设所达到生产规模填报，若实际规模跟设计规模匹配，按设计规模填报即可	G103-8 表	规模
126	石化企业多年更换一次的催化剂如何填报，年平均还是按照更换年填报	按照调查年度实际更换情况填报，该催化剂若作为原辅材料使用的，且并未在调查年度 2017 年更换的，可不填报	G103-9 表	催化剂
127	含挥发性有机物和储罐的两张表，是否可以其他的行业也可以填写	其他行业不进行填写	G103-10 表	含挥发性有机物和储罐填报范围
128	G103-10 表第三部分"挥发性有机物处理工艺、产生量、排放量"，填报了此表的挥发性有机物产生量和排放量，并用作原辅材料的企业，是否还需要填报后面 G10-11 表中"含挥发性有机物的原辅材料"的相关内容	还需要填报后面 G10-11 表相关内容	G103-10 表	挥发性有机物填报范围
129	关于储罐容积：（1）储罐容积 20 立方米以上的填报，是指单个储罐容积，还是相同类型容积的储罐的总容积；（2）请明确 20 立方米以下储罐是否需要填报	（1）指单个储罐容积 （2）20 立方米以下储罐不需要填报	G103-10 表	储罐容积、储罐、填报范围

序号	问题	释疑	表号	关键字
130	G103-10 表，年装载量，汽车/火车运输装载量，是否包含船舶装载	年装载量包含汽车/火车运输装载量和船舶运输装载量。由于汽车和火车运输装载量计算方法一致，所以放在一起	G103-10表	年运载量
131	对于仓储物流企业也涉及有机液体储罐，不需要填报 G103-10 表	根据国家技术规定，仓储物流企业不属于工业企业范畴，不纳入工业源普查，地方普查方案有另行要求的，按照地方普查方案执行	G103-10表	有机液体储罐
132	G103-10 表中物料名称下拉项中没有的物质，按填表说明应填入"其他（物质名称）"，但表格设计中并无"其他（物质名称）"选项，该如何选取	纸质报表手工填写"其他"，括号内注明"物质名称"；系统填报时应有"其他"选项，并留有手工填报物质名称的文本框	G103-10表	物料名称
133	行业类别不属于《工业企业含挥发性有机物原辅材料使用信息》指标解释中所列行业，但有机溶剂使用量较多，该如何处理	其他行业不进行填写	G103-11表	含挥发性有机物、填报范围
134	G103-11 表是否也要填报 G106-1 表，按系数法测算	G103-11 表污染物产排量的核算公式内置，根据含挥发性原辅料基本信息及挥发性有机物处理工艺、收集方式信息实现自动计算，不需填报 G106-1 表	G103-11表	含挥发性有机物填报范围
135	（1）指标解释表 1 中所包含的行业，其他不在表 1 内的行业，假如有使用到表 2 中含挥发性有机物的原辅材料，是否需要填报此表 （2）年使用总量为 1 吨以上才需要填报此表，该处的总量是指按含 VOCs 的原辅材料类别划分前还是划分后的总量，如企业涂料使用总量 0.7 吨，溶剂的使用总量为 0.4 吨，单个类别的使用量小于 1 吨，多种类别合计大于 1 吨，是否需填报 G103-11 表	（1）不需要 （2）按照划分类别之前，所有类别的加合计总量	G103-11表	使用量、挥发性有机物、原辅材料
136	小型木家具制造企业，年油漆量小于 1 吨，无废水和其他废气排放，这种企业是否只填基本情况表还是不纳入普查	按普查制度 G103-11 表说明中要求"含挥发性有机物的原辅材料年使用总量在 1 吨以上的主要行业工业企业必填"	G103-11表	普查范围、家具制造、油漆
137	化工企业对使用的有机原料和溶剂等污染物进行了监测，用非甲烷总烃作为代表，是否可以使用监测数据替代挥发性有机物的值	如监测数据满足使用范围和要求，且认为能如实反映全年生产活动水平情况，可以使用	G103-11表	监测数据、使用要求

序号	问题	释疑	表号	关键字
138	汽车修理厂（4S 店）需要填报 G103-11 表	汽车修理厂（4S 店）不属于工业源普查范畴	G103-11 表	工业源、普查对象范围、4S 店
139	有机废气无组织排放应如何填写收集方式（如 G103-11 表挥发性有机废气收集方式），是否填写"其他收集方式"，还是说无组织排放废气不纳入核算	这部分废气均是通过收集将无组织转化为有组织排放的，转化为有组织的以及未收集而以无组织方式排放的，均纳入核算	G103-11 表	无组织废气
140	"含挥发性有机物的原辅材料名称及代码"：指标解释"溶剂、清洗剂、稀释剂只需要参考下表名称（包括但不限于），无须在普查表中明确具体名称"中的"无须"怎么理解	按照指标解释中的名称填报，不需要根据品牌等细分名称填报	G103-11 表	含挥发性有机物品牌
141	G103-11 表是否也要填报 G106-1 表，按系数法测算	G103-11 表污染物产排量的核算公式内置，根据含挥发性原辅料基本信息及挥发性有机物处理工艺、收集方式信息实现自动计算，不需填报 G106-1 表	G103-11 表	含挥发性有机物填报表格
142	固废（危废）临时储存场地是否需要填报	仅限于指标解释所列固体物料，若是其中所列类型，且长期存在则需要填报	G103-12 表	堆场、填报范围
143	由第三方运营的一般工业固体废物公共渣场是否纳入普查；普查表是参照使用该表还是使用生活垃圾/危险废物集中处置场的有关表格；同理，已经处置或未经处置的历史遗留废渣，尾矿点是否纳入普查	尾矿库都应纳入普查 若是企业自己建设、供本企业使用，但委托第三方运维的固体废物处置、贮存设施，应纳入工业源普查，由该企业填报。为多家企业提供服务的工业固体废物处置、贮存场，按照集中式污染治理设施普查规定，确定其是否纳入普查、填报哪类普查表	G103-12 表	尾矿库、固体物料、堆存
144	企业的运载信息，是以"拉运年单"为准，还是以企业实际的为准？但是企业无翔实的记录，这样该如何填写	按照企业实际情况填写，没有翔实记录，可根据实际情况进行估算	G103-12 表	运载信息
145	砂石开采企业，就填柴油机械产生的其他废气吗；砂石堆需要填写 G103-12 表吗	按实际废水、废气、固废产排污环节填报；不属于 G103-12 表指标解释中堆存物料范围的，不需要填报	G103-12 表	砂石开采
146	工业企业固体物料堆场的定义是什么；其中污泥的这一类堆存物料是否与工业固废产生利用信息表存在重复统计	有指标解释中堆存物料范围内的物料堆放，即需要填报，固体物料堆存涉及堆存过程中的粉尘、挥发性有机物的排放情况，不重复，该表中主要统计固体物料堆存产生或排放的粉尘、挥发性有机物，不涉及工业固体废物产生利用情况	G103-12 表	固体物料、堆场、填报对象范围

序号	问题	释疑	表号	关键字
147	"堆场编号"：由谁来编号	由填报对象自行编号	G103-12 表	编号
148	关于"运载信息"一项，计量单位为"车"，但存在单位使用船舶运输，这类单位如何填写	船舶运输的不进行填报，这部分主要考虑车辆运输过程的扬尘，不考虑船舶运输	G103-12 表	运载信息
149	"年运载量"一项中外运部分含有 2016 年产生的固废，填写时是否剔除	不需要，根据实际年运载量填报，与运载固废的产生年份无关	G103-12 表	年运载量
150	G103-12 表《工业固体物料堆存信息》与 G104-1 表《工业企业一般固体非法产生与处置利用信息》，有重复的物料（如污泥、煤矸石），如何选择表格填报；污泥处理厂脱水处理后的污泥需要场所存放，这个贮存场所的信息是填报 G103-12 表与 G104-1 表中的哪张表格？G103-12 表与 G104-1 表是否有交叉	均需要填报，这两张表的调查内容和目的不同，故均需要填报	G103-12 表	固体物料、堆场、固废调查表
151	某工业企业在填报 G103-12 表——工业企业固体物料堆存信息时，由于企业存在"炉渣"堆场，且该企业有利用炉渣进行下一步再利用的工段，那么这个表的第 08 指标——日均储存量与 G104-1 表的第 05 指标——自行综合利用量是否存在对应关系，感觉这部分很难准确计量	若炉渣全部被综合利用的话，日均存贮量的年汇总值理论上应该与自行综合利用量一致	G103-12 表	固体物料堆存
152	若一个堆场堆存了多种物料，堆场中应该以物料的种类填写还是以堆场的个数填写	以堆存物料的种类填写	G103-12 表	堆场
153	固体物料堆存在 2017 年堆存了一段时间，后全部清除，需要填写该表吗	需要填报，并按 2017 年全年计算平均每日堆存量	G103-12 表	物料堆存
154	江西好多采石场有砂石产品及高岭土矿，是否需要填报，如填报的话，物料应选哪个类别呢	各物料名称定义明确，不需要进行解释，采石场矿石产品、高岭土根据其形态选择 09 或 10 填报	G103-12 表	物料堆存
155	代码 04 堆存物料中第16：表土是否包含各种土壤及水泥制造的黏土	表土是指泥土的最高层，通常在顶部 20～30 厘米，不包括水泥制造的黏土	G103-12 表	物料堆存
156	代码 12 粉尘控制措施：是否可以多选，还是只能选一项	可以多选	G103-12 表	粉尘控制措施

序号	问题	释疑	表号	关键字
157	生物质电厂有固定堆场，但在G103-12表"堆存物料"的下拉菜单里也没有生物质物料的可选项，应该参照哪个选取	G103-12表仅限于指标解释中给定的21种物料进行填报，选项中没有的物料不填报此表	G103-12表	固体物料、堆存
158	每个企业只填一个G103-13表吗？还是可以多填几张	只填一张，所有其他废气产生环节的总量填报在G103-13表中；但是一张G103-13表的废气量可能对应多个产排污核算环节，填报多张的G106-1产排污系数核算表	G103-13表	其他废气填报范围
159	填写G103-13表工业企业其他废气治理与排放情况表填写过程中对于实验室废气的填写，在产品/原料信息处不清楚怎么填写	实验室废气若单独做系数，则填报在G103-13表，且填报指标与系数保持一致	G103-13表	其他工业废气
160	G103-13表中，产品/原料信息与G101-2表、G101-3表有区别吗	G103-13表中的产品和原料为除G103-1表至G103-12表以外的、与废气污染物相关的产品和原料，G101-2表、G101-3表为全厂的产品和原料，包括G103-1表～G103-13表的产品与原料信息	G103-13表	产品、原料
161	比如医化企业一车间甲苯冷凝回收，二车间甲苯焚烧处理，G103-11表有机溶剂填报无法准确反映甲苯处理和排放情况，如何处理？是否再填报G103-13表	同种有机溶剂不同处理方式，分别加列填写，即同种有机溶剂同种处理方式填一列。不需要再填报G103-13表	G103-13表	其他废气
162	"其他废气"具体指哪些，其他废气治理与排放，指标值是以什么为参考，按生产工艺工段还是排放口	指除G103-1表～G103-12表所填报的情况外，企业实际产生的工业废气，G103-13表设计是为了填报G103-1表～G103-12表均未涵盖的工业生产废气情况，且以G103-13表来填报G103-1表～G103-12表均未涵盖的所有的废气情况，应将所涉及的废气污染治理及排放信息均填入G103-13表	G103-13表	其他废气
163	G103-13表第三部分"工业废气排放量"和各类污染物的排放量，是否填报企业的总排放量	仅填写G103-13表所涵盖范围内排放源的排放量，不包括锅炉、炉窑等G103-1表～G103-12表已填报的废气排放量	G103-13表	工业废气排放
164	锅炉和炉窑的范围是什么，如火电锅炉，包含不包含所有的备料贮存环节的废气，还是锅炉和炉窑的范围仅包括锅炉和炉窑的废气，不再扩展，备料等环节的其他废气全部要在G103-13表再进行填报	锅炉、炉窑，不包括原料系统，与设备对应的原料系统归入一般及无组织	G103-13表	炉窑

序号	问题	释疑	表号	关键字
165	燃煤锅炉飞灰输送及装卸工序产生的粉尘应填入其他废气治理与排放情况 G103-13 表，但锅炉飞灰不是原料，那 G103-13 表中原料信息中是填"锅炉飞灰"，还是只填"原煤"	燃煤锅炉飞灰输送及装卸工序产生的粉尘在产污系数里没有考虑，只考虑燃烧过程产生的污染物	G103-13 表	飞灰
166	（1）如果是企业车间无组织排放的废气，是否需要填报 （2）无组织排放的废气，企业也无法提供相关原辅材料使用量的，如何填报产生排放量	（1）需要 （2）根据产排污系数进行核算，无产排污系数的，仅填报普查表中能够填报的相关信息	G103-13 表	无组织排放
167	电镀废气、阳极氧化废气、酸雾废气、其他表面处理工序所产生的废气、塑料和橡胶行业在注塑（吸塑）等过程中产生的 VOCs、焊锡烟尘、粉尘类等，是否填入此表	如果是炉窑则填写 G103-2 表，如果不是炉窑，则填写 G103-13 表	G103-13 表	其他废气填报范围
168	厂内移动源是指未在交通管理部门登记的机动车和移动机械，但实际中，有些企业厂内自用的移动源在交管部门已登记，此种情况是否纳入工业源厂内移动源计算，还是统一纳入移动源内，工业表就不重复填报	已在交管部门登记的，不纳入本表调查	G103-13 表	厂内移动源
169	厂内移动源信息填报的柴油消耗量是否需要计入 G101-3 表	计入，G101-3 表填报的是企业整体情况	G103-13 表	原料材料、能源使用、场内移动源
170	锅炉和炉窑的范围是什么，比如火电锅炉，包含不包含所有的备料贮存环节的废气，还是锅炉和炉窑的范围仅包括锅炉和炉窑的废气，不再扩展，备料等环节的其他废气全部要在 G103-13 表再进行填报	锅炉、炉窑，包括重点行业的炉窑，都包括与设备最直接配套的原料系统，不包括远端、公共的配料系统	G103-13 表	锅炉、炉窑、范围
171	比如医化企业一车间甲苯冷凝回收，二车间甲苯焚烧处理，G103-11 表有机溶剂填报无法准确反映甲苯处理和排放情况，如何处理，是否再填报 G103-13 表	同种有机溶剂不同处理方式，分别加列填写，即同种有机溶剂同种处理方式填一列。不需要再填报 G103-13 表	G103-13 表	其他废气填报范围
172	企业非生产环节产生的污染物是否需要进行核算，如企业废水治理设施产生的废气（恶臭含氨气）是否需要进行核算填报 G103-13 表，如果需要填报，则产品和原料信息如何填报	企业非生产环节产生的污染物是否需要核算填报 G103-13 表，建议一是根据产排污系数设计体系：若产排污系数设计时考虑了企业二次污染，如企业废水治理设施产生的废气（恶臭含氨气），则核算并填报在 G103-13 表；二是若无产排污系数，若有符合要求的监测数据，也可根据监测数据将企业二次污染如企业废水治理设施产生的废气（恶臭含氨气）核算并填报在 G103-13 表	G103-13 表	二次污染填报

序号	问题	释疑	表号	关键字
173	我省白酒制造使用老式的土灶蒸煮、发酵，并且此类情况比较多，是填 G103-1 表或 G103-2 表，还是填 G103-13 表	首先应判断土灶属于哪种设备，是否属于锅炉或窑炉，若不属于锅炉或窑炉，则填报 G103-13 表	G103-13 表	白酒制造
174	一般工业固体废物处理还有其他吗？是否包括废木材、铁块等	有"其他"，根据指标解释，包括废木材、铁块等；G104-1 表（工业企业一般工业固体废物产生与处理利用信息）指标解释中已列出一般工业固体废物名称和代码，包括的其他废物，见下表 表　一般工业固体废物名称和代码 代码　名称　代码　名称 SW01　冶炼废渣　SW06　脱硫石膏 SW02　粉煤灰　SW07　污泥 SW03　炉渣　SW09　赤泥 SW04　煤矸石　SW10　磷石膏 SW05　尾矿　SW99　其他废物	G104-1 表	一般工业固体废物、其他废物、代码
175	一般固体堆场堆存如果没有满足标准的场所是否需要填报	根据指标解释，符合要求的贮存场需要填报	G104-1 表	一般工业固体废物、贮存场
176	临时性的矸石场是否应该填报	根据指标解释，只填报长期的贮存场	G104-1 表	一般工业固体废物贮存场范围
177	工业生产过程中原材料的边角废料是否属于一般固体废物，如服装、箱包加工分边角废布等；电子设备组装产生的电线，这些企业是否需要填 G104-1 工业企业一般工业固体废物产生与处理利用信息	见问题 140 对于固体废物产生量，没有产生量边界的界定，产生一般工业固体废物的均需要填报 产生少量边角料是否作为一部固体废物填报，按照《固体废物鉴别标准　通则》处理；"通则"的章节"4 依据产生来源的固体废物鉴别"规定，"产品加工和制造过程中产生的下脚料、边角料、残余物质等"属于固体废物，但章节"6 不作为固体废物管理的物质"规定了固体废物排除规则，其中包括："任何不需要修复和加工即可用于其原始用途的物质，或者在产生点经过修复和加工后满足国家、地方制定或行业通行的产品质量标准并且用于其原始用途的物质"；据此，企业产生的少量边角料是否作为固体废物，要视其最终去向，如果在本企业生产中可以利用的，则不属于固体废物；如果对于本企业不再具有利用或使用的价值而"废弃"处置，则属于固体废物，应按照固体废物填报有关报表	G104-1 表	

序号	问题	释疑	表号	关键字
178	一般工业固体废物，如果一个企业存在不同的废物，且均不属于SW01～SW10，在填写的时候填其他废物SW99是否将不同废物加和填写，还是不同类的废物分列填写，每一列废物名称和代码都填其他废物SW99	其他废物加和填写SW99	G104-1表	一般工业固体废物
179	企业产生的一般工业固体废物，处理方式是和生活垃圾一起处理的，比如，当废品卖掉、倾倒在垃圾桶由环卫部分清走，企业不自行利用和贮存，这种情况的如何填报工业固废的去向问题，应该填在表格的哪一项	根据一般工业固体废物的实际去向，以及对于固体废物的综合利用、处理、处置、贮存、丢弃的界定，填报最终去向	G104-1表	一般工业固体废物、去向
180	集中式污水处理厂填写了集中式的表格，还要不要填写工业企业的表格，污水处理厂的污泥是否填写G104-1表"工业企业一般工业固体废物产生与处理利用信息"	不需要	G104-1表	污水处理厂、污泥
181	对填报此表有没有年产生量的界定，是否只要有产生一般工业固体废物的企业都需要填报	对于固体废物产生量，没有产生量边界的界定，产生一般工业固体废物的均需要填报产生少量边角料是否作为一部固体废物填报，按照《固体废物鉴别标准　通则》处理，"通则"的章节"4 依据产生来源的固体废物鉴别"规定，"产品加工和制造过程中产生的下脚料、边角料、残余物质等"属于固体废物，但章节"6 不作为固体废物管理的物质"规定了固体废物排除规则，其中包括："任何不需要修复和加工即可用于其原始用途的物质，或者在产生点经过修复和加工后满足国家、地方制定或行业通行的产品质量标准并且用于其原始用途的物质"；据此，企业产生的少量边角料是否作为固体废物，要视其最终去向，如果在本企业生产中可以利用的，则不属于固体废物；如果对于本企业不再具有利用或使用的价值而"废弃"处置，则属于固体废物，应该按照固体废物填报有关报表	G104-1表	一般固体废物、产生量
182	对于生物质燃料燃烧产生的固体废物，在G104-1表中"一般工业固体废物名称"的下拉菜单中，应该选哪个选项	生物质燃料燃烧产生的固体废物按"其他废物"填报	G104-1表	固体废物、名称

序号	问题	释疑	表号	关键字
183	处理医院的医疗废物,是否需填 G104-2 表(工业企业危险废物产生与处理利用信息)、G101-1 表(工业企业基本情况)、G101-2 表(工业企业主要产品、生产工艺基本情况)、G101-3 表(工业企业主要原辅材料使用、能源消耗基本情况)	若生产活动仅涉及医疗废物处理,那么只填写集中式调查表,不需要填报工业源调查表,若企业协调处置医疗废物,医疗废物处理是生产活动的一部分,则需要填报工业源中相应的报表	G104-2 表	危险废物、协调处置
184	企业使用液体物料用桶装进场,废桶属危废,但由供应企业回收循环使用,回收企业无危废经营许可证,使用企业做不做废桶量统计,回收企业无许可资质,可以回收使用吗	若废桶为一直循环使用,不倾倒丢弃,可不纳入统计	G104-2 表	危险废物
185	表中"危险废物代码"指标到底应填报《国家危险废物名录》中的"废物类别"(如 HW12)还是填报"废物代码"(如),在实际入户试填报过程中,发现很多工业企业并不能从危废名录中找到特别合适的"废物代码",他们只知道"废物类别",与危废处理单位签的合同也只是写明了"废物类别"	需要填写详细的代码,如 264-002-12	G104-2 表	危险废物、代码、废物类别
186	危险废物是否主要填写重点行业或含量达到一定量的才填写此表,如果没有规定,填写的企业太多太广(如一些企业只是涉及很少量的机油、润滑油),工作量大,且意义不大,因为危险废物的管理很敏感,若企业存在某些危险物质,但是不愿意填报,是否我们普查员强制要求补充上	首先需要判断是否为危险废物,只要普查对象有列入《国家危险废物名录》或者根据国家规定的危险废物鉴别标准和鉴别方法认定的,具有爆炸性、易燃性、反应性、毒性、腐蚀性、易传染性疾病等危险特性之一的废物是危险废物的,均需要填报 G104-2 表。普查员发现或知晓普查对象有危险废物产生而没有填报的,应要求普查对象补充填报	G104-2 表	危险废物
187	煤矿矸石山是否属尾矿库,在地理坐标采集时,是否要标绘边界	是,需要标绘边界	G104-2 表	尾矿库、边界标绘
188	混入生活垃圾丢弃的危险废物(如含废机油的抹布),企业也不清楚丢弃量多少,产生量如何估算	根据生产情况估算产生量和倾倒丢弃量	G104-2 表	危险废物、产生量

序号	问题	释疑	表号	关键字
189	如何确定企业是否填报,是根据是否有涉风险物质的来判断,只要有就填,还是根据企业是否有风险预案,只要涉及就填,与量是否有关,如果只有一小瓶盐酸或者其他风险物质是否需要填报;风险信息调查能否仅局限在重大风险源;G105表附录A范围很广,如机油还有胶水、油漆成分中含量不是很大,是否需要填报该表;此外,风险识别、防控措施认定专业性很强,也可能会影响整个普查工作的质量和难度	生产过程中涉及风险物质的,均需要填报本报表。但若相关物质不是生产过程中使用的,且量很少,根据实际情况和管理需求各地自行确定是否纳入调查,地方认为确无突发环境事件风险的,可以不纳入	G105表	风险信息、风险源、风险物质、填报范围
190	加油站、加气站需要填报G105表吗	加油站、加气站不属于工业源普查范围,不需要填报G105表;按照普查技术规定,经营加油站的企业填报Y102表	G105表	风险信息、加油站、填报范围
191	G105表工业突发环境事件风险信息表中,有企业用天然气作为燃料,但厂内没有储罐,用管道进行供应的,存在量该如何填报	该种情况可不填存在量	G105表	环境风险
192	G105表《工业企业突发环境事件风险信息》以天然气(管道供应)作为燃料的锅炉是否需要填报该表,如需填报,存在量如何填	该种情况可不填存在量	G105表	环境风险
193	(1)有无风险物质是否是填写此表的唯一依据。是否只有存在附录中的风险物质的对象才要填写?如企业不存在风险物质,但有附录中后的风险工艺/设备,是否要填该表 (2)企业只有风险物质,没有风险单元/设备的情况下,风险单元/设备中只有1、2、3类选项,没有提供不涉及的选项,这个问题如何处理 (3)对于含有风险物质组分的混合型物质(如含有甲苯的油漆),是否需要填写该表	生产过程中涉及风险物质的,均需要填报本报表。但若相关物质不是生产过程中使用的,且量很少,根据实际情况和管理需求各地自行确定是否纳入调查,地方认为确无突发环境事件风险的,可以不纳入 确实没有风险单元/设备的,相关信息可以不填	G105表	风险信息、风险源、风险物质、填报范围

序号	问题	释疑	表号	关键字
194	关于 X 射线方面的风险问题如何填报此表，如α射线	按照附录中所列的物质进行填报，不在附录中不填报	G105 表	风险源、风险信息、X 射线
195	在没有相关资料的情况下不清楚该如何填写，公司无法提供应急预案如何填写	未编制应急预案的，可不填报	G105 表	应急预案
196	什么单位需填该表；根据附录（六）的风险物质及临界量清单，是否有风险物质便需填该表，还是要求风险物质超过临界量才填；风险物质名称，存在量小于临界值的需要填写吗，例如，若企业仅在实验室用到少量硫酸等风险物质，是否要填该表	生产过程中涉及风险物质的，均需要填报本报表。但若相关物质不是生产过程中使用的，且量很少，根据实际情况和管理需求各地自行确定是否纳入调查，地方认为确无突发环境事件风险的，可以不纳入。若企业仅在实验室用到少量硫酸等风险物质，可以不填	G105 表	风险信息、风险源、风险物质、填报范围
197	"活动类型"，"1.生产"或"2.使用"如何区分	作为产品的填报"生产"，作为原辅材料的填报"使用"	G105 表	活动类型、风险源
198	突发环境事件应急预案按最新的登记，若最新版本为 2018 年，同时 2018 年才到环境保护部门备案的，是否按 2018 年的登记；风险等级划定年份也填报 2018 年	(1) 编制情况选"是" (2) 备案情况选"是" (3) 划定年份选"2018"	G105 表	突发环境事件
199	G105 表中：厂内危险废物环境管理：选项 1. 不涉及危险废物；选项 2.不具备完善的危险废物管理措施；只有这两个选项使得有些认为自己有管理措施的企业无法选取	有环境风险管理措施的企业参照 G105 表指标解释表 2 中"厂内危险废物环境管理"选项 1"不涉及危险废物的；或针对危险废物分区贮存、运输、利用、处置具有完善的专业设施和风险防控措施"，选择选项 1 填报	G105 表	危险废物、环境管理
200	企业喷漆生产，对应到《工业污染源产品-原料-工艺基本信息表》中 33××14 涂装工段，企业原辅材料中有稀释剂，但表中没有相应编号，怎么处理，像这种表中找不到对应的产品编号，原辅材料编号，工艺编号的该怎么办	稀释剂、固化剂等均是混入油漆使用的，归入油漆用量，如底漆稀释剂、底漆固化剂，加入底漆用量中统计，原料里有各类漆选项和编码	G106-1 表	稀释剂
201	污染治理设施实际运行参数如何填？（主要是对不同污染物的治理效果是不一致的）	G106-1 表中填报的是单一污染物，实际运行参数在基本信息表中选择相应的参数填报，如废水的指标选择与废水相关的参数，废气的指标选择与废气相关的参数	G106-1 表	运行参数、污染核算、系数

序号	问题	释疑	表号	关键字
202	监测法和产污系数法是否只能二选一，某些特殊情况不好把握，比如监测数据中污染物处理设施进口数据缺失时，需要通过产污系数核算污染物产生量，这样将导致 G106-1 表和 G106-2 表将同时需要填报，其中产生量由产污系数核算，排放量由监测法核算，这种做法是否正确	信息采集环节，符合要求的各类信息均采集，在核算环节确定数据的选取。同一废水、废气，不同污染物可以选用不同核算方法核算产生量、排放量	G106-1 表	污染核算、监测、系数
203	石化行业基本已发放排污许可证请问这些企业的各个排放量是否可以完全用排污许可证的数据	符合工业源普查技术规定的排污许可执行报告数据，可以使用	G106-1 表	污染核算、排污许可
204	部分废水先预处理，再和其他废水混合排入污水处理厂，如何填报产生量	若可以获得预处理前的浓度，可以根据处理前浓度计算，若无法获得，也可以按照企业出口水量和浓度计算产生量，也可以使用产污系数核算污染物产生量	G106-1 表	废水、污染物、产生量
205	在填报化学药品（2710）、农药（2631）生产企业时，碰到生产工艺较为复杂，而手册上只是简单的归纳为化学合成、缩合反应等，该如何填报	本次采用可拆分可组合的方法，为看保证准确实用，依据工段分别填报	G106-1 表	填报
206	一家药企生产几十种产品，设计的物料已经超过 20 种，大多与产污环节密切，又该如何处理	在提供的清单中选择，不需要所有原料都填报	G106-1 表	填报
207	系数手册中关于冲压环节，轮胎制造等，在企业中调研发现确实不用水，但系数框架里有废水核算，请问如何填，严格按公式中核算，还是根据实际情况选择	按手册填报	G106-1 表	填报
208	延安市石油开采业数量较多，清查阶段各采油厂下设单位采油队及联合站分别填报了清查表，入户过程中发现 3 个问题：（1）填报采油队时，填报系统内置主要原辅料为低渗透油田，计量单位、使用量等相关指标无法填写，产污环节无法核算；（2）填报联合站时，联合站只负责原油脱水和含油废水处理，且无产品、主要产品、原辅材料指标无法填写，产污环节无法核算；（3）把采油厂分割开来，以采油队和联合站分别填报，存在重复核算产品量和产排污量问题	（1）原辅料为低渗透油田，计量单位、使用量等相关指标不填写，产品填写原油量即可，产排污量核算根据油田类型给出系数，根据油的产量和系数核算产排污量（2）为避免重复核算，建议以采油对为单元，也可避免联合站无法填报的问题	G106-1 表	填报

序号	问题	释疑	表号	关键字
209	机械行业产排污量校核中，何为全部四通组合的产排污系数	机械行业按照工序制定每个工序的产排污核算方法。企业根据自己实际生产情况涉及的工序，按工序填报	G106-1 表	产排污系数
210	监测数据法和产排污系数和算法只填写一个还是全部填写	如有监测数据，并符合要求的优先填写监测数据。如没有监测数据或监测数据不符合要求的采用产污系数法核算，产排污系数相关信息均需要填写	G106-1 表	信息填报
211	使用系数法进行产排污量核算时，能否将计算产排污量所需的详细参数设计到对应的报表中，或者单独给出，以便在入户调查时足够的参数信息	普查表中已经将相关参数信息设计到表格中。使用系数核算条件组合（表单），也会印发	G106-1 表	信息填报、系数、核算参数
212	部分很小规模的企业，如五金加工原料中焊料用 10 千克，焊接烟气估计按克计，是否需要填废气表	这类企业应该没有在线监测数据，应按照产污系数表相关信息填报 G106-1 表	G106-1 表	废气、信息填报
213	监测计算的排放量与产排污系数计算出的排放量差别很大，以哪个为准	按照普查技术规定对核算方法选取顺序确定核算结果	G106-1 表	核算方法选取
214	说明"核算环节超过 4 个或污染物各类超过 1 种就要自行复印填报，那如果 1 种污染物只有 1 个核算环节，那可以一张表填 4 列污染物并对应 4 个核算环节吗"	报批的报表为表式（示例表），在正式印发时会进行横向扩展和纵向扩展	G106-1 表	G106-1 表填报、核算环节
215	（1）废水核算的填报方式，很多与主体工艺无关的怎么填，比如清洁废水，生活污水，核算时原料水（2）无组织排放废气未收集（散排）的，无集中排放口和，其排放口编号及名称怎么填写（3）产生的污染物涉及多种原辅材料的怎么填写原辅材料及用量，是都填写吗	这个是核算信息表，不能单纯的来填这张表，这张表一定是配合前面的调查表和产排污系数表来填，就是说根据产排污系数，以及前面的某一张核算表，如 G102 表、G103-1 表等确定如何进行拆分和核算	G106-1 表	废水、废气、排放口编号、G106-1 表填报
216	污染物去除率和运行参数如何填写，处理设施的处理效率无设备文件说明（无遗失或者本身没有），也无监测数据证明，效率由企业口述是否可采用	污染物去除率在产排污核算系数表单中将给出具体参考数值，运行参数需要企业根据污染物指标选择相关的运行参数填写后按照核算方法核算	G106-1 表	去除率、运行参数
217	钢铁、造纸、印染等行业均已出排污许可技术规范，此次也有排污系数核算办法，如何在填报过程中使用两种方法，之间有什么区别、联系，具体如何填报	在采集环节将符合要求的数据均进行采集，在后期核算环节再按照相应的核算方法进行核算，排放量数据及其核算方法的优先顺序、使用要求，请参见普查技术规定	G106-1 表	核算信息采集

序号	问题	释疑	表号	关键字
218	对于采矿业（厂区内无移动源），涉及污染主要为堆场无组织排放的粉尘，是否需要填 G103-13 表（工业企业其他废气治理与排放情况）和 G106-1 表（工业企业污染物产排污系数核算信息）	堆场扬尘填报 G103-12 表	G106-1 表	堆场
219	对于小微企业，产排量核算能否择其重点来核算，如我市部分金属制品制造企业，企业仅 10 人左右，废气环节涉及 1 台焊接机，几台打磨设备，若废气都按产排系数流程核算，将会非常复杂，企业也填不准。为提高普查效率，这类普查对象能否重点关注企业类型，分布、产品类型及固废等信息	核算环节不一定是将所有排污节点都拆开填报，而是根据产排污系数选择可以单独核算的环节（一个环节可以包括多个排污节点）进行填报	G106-1 表	核算环节、产生量、排放量
220	"计量单位"，部分企业使用的是行业特有的计量单位和规格来统计，也不清楚如何换算成其他常用的计量单位，如何填报	污染物产排污量核算依据产污系数核算手册来填报，产品、原料分类目录信息表中计量单位与核算手册中单位是一致的，纺织、皮革等行业在产品、原料分类目录信息表中将给出统一的折算方法	G106-1 表	计量单位
221	汽车制造业挥发性有机物处理设施中的 TAR、RNV、RTO 分别属于哪种工艺（"表 5 脱硫、脱硝、除尘、挥发性有机物处理工艺代码、名称"中的哪一类）	修改后的"四同"组合表中汽车加工及金属材料加工行业挥发性有机物处理方法分别为 V07 热力燃烧法、V10 催化燃烧法、V12 蓄热式催化燃烧法、V18 光催化方法，与表 5 中的种类一致	G106-1 表	处理工艺代码
222	一般排放口及无组织排放量如何核算	一般排放口及无组织排放量通过产排污系数法核算	G106-1 表	排放量、核算、无组织、一般排放口
223	企业如果没有任何处理设施直接向环境排放污染物的，污染物处理工艺名称、污染物去除率/排污系数及计量单位等指标是否为空，另无组织排放量否已经包括在内	没有污染治理设施，则污染物处理工艺名称、污染物去除率/排污系数及计量单位均为空；各项废气污染物指标均包括无组织	G106-1 表	污染治理设施、无组织排放
224	准备采用在线监测数据来核算污染物的产生量和排放量，浓度是有在线监测数据的，但是废气量却没有相应的数据，那可以用手工监测的废气量来乘以在线监测浓度数据吗	废气排放量、废气污染物量指标均需用自动监测数据，手工数据不能用于核算废气指标	G106-1 表	在线监测数据、污染物排放量核算

序号	问题	释疑	表号	关键字
225	关于治理设施运行参数的填报方式：如果按现在初步的产排污系数手册，每个污染物的核算都应该填报对应的污染治理设施的运行参数；但核算环节又无法对应到每个排放口，也就无法对应到每个设施；这种情况下，污染治理设施的运行参数应该怎么填；就是核算环节、污染治理设施、设施运行参数之间如何实现很好地衔接呢	各工艺环节只给出了产污系数，根据产污系数和产品或原料信息核算出产污量；污染物最后必然会对应一个或一套污染治理设施；污染治理设施会有一个总的污染物去除率，在核算表里去除率是按多套污染治理设施的去除率，设施运行参数也应是多套设施综合在一起的	G106-1 表	产污系数
226	对于无监测数据需要产污系数核算的企业，现阶段普查表无法完整填写怎么办	对应采用产污系数核算产污量和排污量的企业现阶段只填报基本信息，污染物产排量待系数完成后补充核算；无须再入户填报；但要求 G106-1 表普查基本信息填报必须准确全面，否则将无法找到对应的系数和污染物去除率	G106-1 表	核算
227	"07.生产规模等级"，"等级"如何确定	G106-1 表中 07.生产规模等级按照企业单条生产线设计加工能力填报；非企业的生产规模；应与 G101-2 表中 6 生产能力一致	G106-1 表	规模等级
228	对于最终排放去向为污水厂的工业企业，如果它本厂的污水处理设施没有进口浓度监测数据但有出口浓度监测数据，那么G106-2 表中进口浓度是否可以空着不填，还是说要填本厂处理设施出口浓度监测数据，优先采用哪种填报方法	G106-2 表以企业排放口为基础填报，排放去向为污水处理厂的企业，企业有整套污染治理设施的，原则上填报企业污染治理设施前的监测数据作为进口浓度，若无，则不需要填报 G106-2 表中相应污染物指标的进口浓度数据，即空着；若企业无治理设施或仅有简易的治理设施，则可以采用企业的排放口监测数据作为进口监测数据填报，这些数据都是支撑企业污染物产生量计算的	G106-2 表	排放去向
229	如果 G106-2 表中进口浓度填本厂处理设施出口浓度监测数据，是否意味着使用该监测数据来计算 G102 表中的污染物产生量	G106-2 表中进口浓度数据是用于支撑产生量核算的，最终确定 G102 表中污染物产生量时，需要根据普查办发布的污染物产排量核算详细方法，综合考虑 G106-1 表和 G106-2 表的结果确定	G106-2 表	监测数据
230	G106-2 表、G106-3 表，若企业有一些污染物不属于 G106-2 表、G106-3 表中所列的指标，是否还需要填报，如电镀企业的酸性废气	涉及报表中所列的污染物填写，不涉及的可不填报	G106-2 表	污染物、指标

序号	问题	释疑	表号	关键字
231	表中说明2,"污染物浓度按年平均浓度填报""年平均浓度"是算术平均还是加权平均（一年中流量存在变化）	能够获得加权均值的优先采用加权均值	G106-2 表	平均浓度
232	没有符合要求的监测数据是否需要填写废水监测数据和废气监测数据表	不符合要求的监测数据不需要填报	G106-2 表	监测数据、使用要求
233	用在线监测数据填报废气污染物排放浓度,是平均浓度吗	是平均浓度	G106-2 表	自动监测、在线监测、监测数据
234	工业企业外排污水为达到环境标准,但是达到入管网标准后由片区污水处理设施集中处理的,污染物产生量如何计算	排入污水处理设施集中处理的,污染物产生量可以按照本单位处理前的污染浓度计算,无法获得的,也可以按照普查对象出厂界浓度和水量计算	G106-2 表	污染物、产生量、核算
235	如果没有自动在线监测数据,监督性监测数据频次不够,那污染物数据是否可以不填,只填排污系数表	没有符合要求的监测数据,则监测数据可不填写	G106-2 表	监测数据、使用要求
236	废水方面:污染物产生量与排放量分月或季度监测应取各月或季度平均值,还是指定某月某季度进行填写	废水监测数据按流量加权计算全年加权均浓度填写	G106-2 表	监测数据、平均浓度
237	企业如果安装了水污染物的在线监测设备,且满足监测数据要求,但只有有限指标,监督性监测怎么使用	同一排放口、不同污染物,以及不同排放口均可以采用不同的核算方法。按照普查技术规定的要求,只要符合使用要求的监测数据均可用于污染排放的核算	G106-2 表	监测数据使用要求
238	手工监测数据不能用于废气污染物排放量核算吗	按照普查技术规定,手工监测数据不能用于废气污染物排放量核算	G106-2 表	废气、污染物、核算、手工监测
239	说明中写每个排放口监测点位填写1张表,那么对两个设施共用1个排气口,两套监测数据,如何填报,G106-3 表同上	两套监测数据即表明有两个排放口监测点位,应填报2张表	G106-2 表	监测点位、排放口、废气
240	G106-2 表和 G106-3 表,普查对象只监测了部分数据,且无法由此计算相应污染物排放量的,是否填报这2张表	仅填报符合要求的监测数据,若不符合要求则不填报	G106-2 表	监测数据采集

序号	问题	释疑	表号	关键字
241	废水和废气排放口编号问题：是自编还是按照国家的编号规则进行编号	按照指标解释，若排污许可证已编号的按此执行，无编号的根据相应要求自行编号	G106-2 表	排放口编号
242	"非甲烷总烃"单独有监测数据的，填写哪张表？是否计算到挥发性有机物的量中	按照 G106-3 表的说明进行填报	G106-2 表	挥发性有机物、监测数据、非甲烷总烃
243	车间产生的废水怎么填报，第一类污染物的排放量是否按总排放口的废水量和总排放口的浓度来计算，车间排放口的水量和污染物浓度怎么填报，是否和企业废水总排放口分表填报	车间和总排放口分别填报，各自填报对应的污染物浓度和水量信息	G106-2 表	废水监测数据
244	关于水量： （1）对于"进口水量""出口水量""经总排放口排放的水量"3 项指标，车间废水具体该如何填报此 3 项指标 （2）关于工业源普查技术规定。没有废水流量监测而有废水污染物监测的可按水平衡测算出的废水排放量和平均浓度进行计算，水平衡优先执行清洁生产还是环评报告，或者其他文件，没有水平衡资料的情况怎么办	（1）根据车间的进出水量填报进口水量、出口水量，同时根据车间废水的回用情况估算该车间废水经总排放口排放的水量填报经总排放口排放水量 （2）根据实际情况估算，或者根据对实际生产情况评估的材料估算；没有水平衡材料的，根据本地区同类企业水平的排水/用水比，进行估算；确实无法获得的，不采用监测法核算，可以采用产排污系数进行核算	G106-2 表	水量
245	监测数据对监测方式是否有优先选择问题	根据技术规定，按照自动监测数据、自行手工监测数据、监督性监测数据的顺序选择	G106-2 表	监测数据、选用顺序
246	有监测数据，但数据质量怎么判定，我们做污染源自动监控平台数据分析的时候，发现数据都有问题	若发现监测数据质量不符合使用要求，则不采用监测数据核算排放量	G106-2 表	监测数据质量
247	监测法核算产排污量，许多只有出口监测数据（在线、自行监督性监测），没有进口数据，是否需要通过出口数据和处理效率反推进口数据	没有进口监测数据的，进口浓度可以不填，不需要进行反推进口浓度	G106-2 表	监测数据
248	如果企业污水排入城镇污水处理厂，那么按照培训要求，工业企业废水监测数据表中的排口浓度是填报污水处理厂的出口浓度，但是工业企业废水治理与排放情况表中的废水排放口的坐标的指标解释中明确说明，排放去向是城市污水处理厂（代码为 C）的话，要采集废水排出厂区位置的坐标，这样排口坐标和排口浓度就不一致了	这种情况确实排口坐标和浓度不一致，报表制度并未规定排口坐标和浓度必须一一对应	G106-2 表	监测数据填报

序号	问题	释疑	表号	关键字
249	一般工业固体废物，如果一个企业存在不同的废物，且均不属于SW01～SW10，在填写的时候填其他废物SW99是否将不同废物加和填写，还是不同类的废物分列填写，每一列废物名称和代码均填其他废物SW99	其他废物加和填写SW99	G104-1表	一般工业固体废物
250	关闭的企业在伴生放射性矿固体废物表（G107）应该填哪些指标	G107表的填报对象是纳入详查的伴生放射性矿企业（包含运行、停产、关闭），纳入详查的伴生放射性矿关闭企业也按照G107表要求填报，其中固体物料和废物相关指标也是统计达到详查标准的固体物料和废物种类，伴生矿企业名单和达到详查标准的固体物料和废物名单均由各省、自治区、直辖市省级辐射监测机构提供给省级普查办，省级普查办分送给各地市普查办、各地市普查办再分送县级普查办，县级普查办纳入详查的伴生放射性矿企业名单落实普查表填报	G107表	伴生放射性矿
251	伴生矿普查另由辐射部门完成；"31.涉及稀土等15类矿产"是否由省统一填报；如何判断达到伴生放射性矿普查详细标准	伴生放射性普查分两部分进行，一部分是有各省级辐射监测机构根据《第二次全国污染源普查伴生放射性矿普查监测技术规定》（国污普〔2018〕1号）对可能伴生放射性的稀土等15类矿产开采冶炼加工企业进行放射性水平监测，筛选出达到详查及纳入伴生矿普查的企业名单，这些企业应填报普查制度中的G107表。纳入详查的伴生矿企业名单和达到详查标准的固体物料和废物名单均由各省、自治区、直辖市级辐射监测机构提供给省级普查办，省级普查办分送给各地市普查办、各地市普查办再分送县级普查办，县级普查办将纳入详查的伴生放射性矿企业名单落实普查表填报，与工业源入户调查一并填报G107表，由普查员和普查指导员组织企业填报后，逐级审核后最终报至国家普查机构。另一部分是G107表的填报对象的废水、固体物料、废物监测表由省级辐射监测机构填报（该表属于系统内部填报，未列入国家统计局审批的普查表式），由省级辐射监测机构填报后，经省级普查机构审核后报国家普查机构G101-1表中"涉及稀土等15类矿产"的"是否"选项，由普查员根据纳入详查的伴生放射性矿企业名单指导企业填报，如果该工业企业同时是纳入详查的伴生放射性矿企业，该项选择"是"，如果该工业企业不在纳入详查的伴生放射性矿企业名单中，该项选择"否"	G107表	伴生放射性矿

序号	问题	释疑	表号	关键字
252	"06 园区边界拐点坐标"若园区分为几块，不连续，相隔较远，坐标如何填	分片、分块分别填报	G108 表	园区拐点坐标
253	有些省级或国家级的开发区实际上是分为两个分割的园区组合而成，是否需要分开填写 2 张报表，边界的拐点坐标如何区分	一个园区分为两个不相连的区域（块），则分别填报，即每个区块填 1 张表，边界拐点填相应区块的拐点坐标	G108 表	园区、边界
254	园区批准面积是以 2018 年目录中的数据为准还是以园区管理部门提供的数据为准	2018 年目录中的数据为准；如果在 2018 年目录中没有的省级开发区，按省级批准的面积为准	G108 表	园区、面积
255	大气、水环境自动监测站点是指园区大气、水环境质量监测还是园区内各企业污染物排放监测	园区大气和水环境质量监测站	G108 表	园区、自动监测站
256	技术规定要求进入污水处理厂的废水，其污染物排放量按污水处理厂出口浓度计算，对于特征污染物（如重金属）极有可能出现园区工业企业排放量之和远小于园区污水厂该污染物排放量	对于污水处理厂，若没有专门的重金属处理工艺的，仍按照工业企业车间排放口进行核算，用园区工业企业出口核算排放量的，仅限于有专门处理重金属废水工业的情况，这样一般是同类型的废水，不会造成排放量的明显低估	G108 表	间接排放
257	园区生活污水与工业污水混排，且依托当地城镇污水处理厂处理的，17～20 项如何填写	园区只调查园区自己建设的污水处理厂，依托城镇污水处理厂不填报	G108 表	园区、污水处理
258	园区内注册企业是否不用填报	园区内注册企业符合工业源调查范围、对象要求的，应按照工业源技术规定和报表制度填报相应的普查报表；工业园区普查表主要调查园区的概况和园区本级的环境管理情况，园区内的工业企业应按工业源普查要求，填报工业源普查表	G108 表	园区、注册企业、工业源
259	我县辖区内市政府批准设立的只有 1 个重庆云阳工业园区，但该园区由 3 个组团组成，3 个组团为 3 个独立的区域，边界互不相连，G108 表中园区边界拐点坐标如何填报；园区规划文本中每个组团的边界拐点个数上千个，逐一填写显然不可行，可以选择性填写吗；"园区边界拐点坐标"是指园区建成区边界还是园区规划面积边界	（1）3 个组团分别填报 G108 表 （2）园区拐点按批复边界填报 （3）选择主要的拐点进行填报（拐点数没有要求），要能反映出园区边界的走向	G108 表	工业园区

序号	问题	释疑	表号	关键字
260	表格中多项填报选项，如果有的值没有，那这个项应填"0"还是填"无"，应规范零值与空值的定义和界定	若是不涉及指标所提内容，该指标空着不填；若是调查指标在本厂是0，则填写"0"	G108表	空和"0"的选择
261	工业园区的企业数与《中国开发区审核公告目录》中工业园的企业数是否要求一致；关于工业园区，参考《中国开发区审核公告目录》，其中一些高新区、开发区就是一个完整的区县，如惠州市仲恺高新开发区，该区清查定库企业4 000余家，那工业园区这张表是否要填上4 000余家企业的基本信息	（1）企业数包括两个指标，包括注册在园区的和实际在园区生产的，要分别填报 （2）园区附的企业清单信息只包括企业名称、统一社会信用代码、生产地点是否在园区3项指标，对于已经在清查库的，已经具备前两项指标，只需要把每一企业实际生产地点是否在园区内进行标记	G108表	工业园区
262	关于 k 值： （1）核算方法中 k 值是否有个参考规范，谁来填报 （2）如何判断 k 的取值；治理设施稳定运行需要提供什么资料；国家对部分企业去除率是否有明确要求，比如不得高于多少 （3）企业治污设施无单独电表，无法统计用电量，这种情况如何解决，企业也无生产报表之类的，如何计算 k 值 （4）表面涂装工艺中，喷塑后需要烘干，烘干流平工艺中，k 值是多少？无 k 值，无法计算烘干流干排污量，喷漆烘干工艺中 k 值是否一样，生产工艺中有喷塑烘干工艺	（1）和（2）k 值将由产排污核算方法承担单位制定算法，根据普查 G106-1 表中污染治理设施实际运行参数计算得到 （3）企业可核算主要污染治理设施功率和运行时间，根据几个指标核算治理设施用电量 （4）喷塑烘干工序产生的污染物主要是挥发性有机污染物。通常采用物料衡算方法，即原料中可挥发物质量-捕集处理量，这种情况不涉及 k 值	—	k 值、污染核算、系数
263	部分小微企业无任何台账资料（含交费记录），应该如何处理	可以借助辅助资料进行估算；如果没有任何台账资料，将无法证实企业填报数据的真实性	—	台账资料
264	停产的企业如何填报、填报什么指标	填报能够填报的生产能力、治理设施能力、堆场（如有）等能够填报的信息	—	停产企业
265	对于长流程的生产工艺，在核算工艺选择时，选取原则是否是按"可按最长流程选择的，选最长的流程；无最长的流程时，再选择短流程"	是的，核算工艺选取优先选择最长流程，无最长流程时再选择短流程	—	流程

序号	问题	释疑	表号	关键字
266	请明确哪些有产排污系数；涵盖哪些行业、哪些工艺、哪些工段	产排污核算方法将涵盖国民经济行业分类05～46中除核和军工类的所有行业，没有涵盖到的在行业或工艺，产排污核算说明中将给出参照的产品或者工艺	—	行业
267	用系数法时，如何确定污染治理设施的处理效率；按设计值、参考运行时间、建议细化，以便核算排放量	污染治理设施的处理效率将由产排污核算单位根据多个样本企业实际处理效率测算得到，由产排污核算承担单位统一给出参考值	—	处理效率、系数
268	产排污系数在研究的有哪些，可否列出清单，这样未进行研究的系数可否先用已有行业系数先进行填报	工业源产排污量核算方法基本涵盖了国民经济行业分类中05～46大类中所有行业，目前产污系数和各污染物治理设施污染物去除率正在研究制定中，暂不能给出具体数值。为满足污染普查需要，普查办将印发分行业的《工业企业污染物产排系数核算基本信息表》，普查员可根据信息表内容先行填报，待产排污系数确定后再根据基本信息选取对应数值核算污染物产排量 因"二污普"与"一污普"已隔10年，污染物产排情况变化较大，不宜采用已有的行业系数先行核算	—	产排污系数
269	同一股废水或废气，能否用不同方法（如系数法、监测法等）核算不同污染物的排放量；如废水中COD按在线，BOD_5按监测数据	同一废水、废气，不同污染物可以选用不同核算方法核算产生量、排放量	—	排放量、核算方法、监测
270	对于作坊式的疑似工业源，既无监测数据，又无产排污系数的，其污染物如何核算	清查以确定工业源普查对象名录、无监测数据按产污系数法核算、产排污系数没有涵盖到的在行业或工艺，产排污核算说明中将给出参照的产品或者工艺	—	疑似工业源、核算、系数
271	关于入户调查的范围： （1）清查过的，位于工业园区的，仅有组装（少量涉及切割、焊接）的门窗加工厂是否要入户 （2）家庭式作坊，仅有几个员工的缝纫机做衣服，是否要入户，如果要，废气要核算面料裁剪的无组织粉尘吗 （3）大型盒饭厂，水洗厂是否纳入工业？代码 （4）大型餐饮集中消毒清洗企业，是否纳入普查范围、代码 （5）液化气站是否纳入普查，行业代码是否选择4512液化石油气生产和供应业，还是属于5296生活用燃料零售，不纳入普查	各地可根据当地实际情况及污染监管要求，从严要求确定纳入普查对象的范围；清查已确定的工业源普查对象应按照普查要求开展入户调查；小微企业无监测数据按产污系数法核算；产排污系数没有涵盖到的在行业或工艺，产排污核算说明中将给出参照的产品或者工艺	—	入户调查范围

序号	问题	释疑	表号	关键字
272	关于监测数据： （1）手工检测包不包括委托监测 （2）废气监测数据只使用符合要求的在线监测数据 （3）化学需氧量是以实际监测的为准，还是以其他佐证材料为准，如果监测，是否需要带上仪器进行实地监测 （4）对于无法使用监测法核算污染物排放量的工业企业，废水排放量和废气流量在入户调查阶段能否不填写 （5）企业自行监测的数据是否可用，若他们没有资质申请呢；感觉数据质量无法保证 （6）使用监测数据时，监测因子不全（指没有所有普查污染因子）时，是否又要用产排污系数法 （7）企业自测数据是不是没有具体要求，是否不需要再符合自行监测管理技术规定 （8）"二污普"中的废水、废气监测技术规定是否有，没有的话监测依据哪个规范监测 （9）G106-2表和G106-3表中，如果监测数据来源于委托第三方监测，有什么规定具体要求吗；如果入户普查时，企业才进行一次的委托第三方监测，这个监测数据可以用吗 （10）如果某一企业既有在线监测、企业自测，也有委托监测、监督监测，这4项是否都需要填报 （11）用在线监测数据核算污染物排放量，废气排放量数据存在问题的，核算方法是不是可以不用监测法，采用产排污系数法，还是用别的方法核算废气排放量 （12）污染物核算方法主要包括产排污系数法和监测法，这两种方法在企业填表时，是可以根据实际情况任选其一，还是产排污系数法是必填的，监测法如有效性数据，同时也要填报	手工监测包括委托监测 废气污染物排放核算，若使用监测数据只使用符合要求的在线监测数据。监测数据存在问题的，采用产排污系数法核算废气排放量同一废水、废气，不同污染物可以选用不同核算方法核算产生量、排放量。同一指标按照监测数据的使用优先顺序进行采集，采用自动监测数据时，取全年生产时段的平均值信息采集环节，符合要求的各类信息均采集，在核算环节确定数据的选取。委托第三方监测的，第三方须有监测资质 所使用的监测数据为2017年度的按照有关监测技术规范、国家或环境保护行业标准监测分析方法获取的监测数据，不是要求普查时开展监测，监测数据缺失指标，按系数法核算排污量 目前监测管理中没有针对企业自行监测的资质要求，污染源普查工作无法也不宜在监测管理方面另行提出新的要求；普查工作开展时，可以根据相关资料核实监测数据是否存在明显问题，存在疑问的可以不予采用 计算数据、监测数据、运行数据不一致时，在污染物排放量核算阶段根据实际情况进行判断，选取合理数据	—	监测数据、使用要求、核算信息采集、核算方法选取、监测数据缺失、核算数据选取

序号	问题	释疑	表号	关键字
	（13）监测数据的使用有矛盾，气监测只使用在线监测，其他不用？在线监测无进口怎么办			
	（14）采用自动监测数据时，是取全年平均数吗			
	（15）重金属及 VOCs 的废气监测可以用手工数据			
	（16）填表时，监测数据与产排污系数是否两者都要			
	（17）计算数据、监测数据、运行数据不一致如何处理			
	（18）排污量核算，如果利用的监测数据（在线监测、企业自行监测、监督性监测）中没有，企业是否也还要再另行监测缺失的数据，还是可以直接用排污系数法核算呢			
	（19）关于产排污系数核算问题：最后结果是需要人工计算，还是填入普查软件相应参数后，会自动计算并生成			
273	无统一社会信用代码和组织机构码的企业需要自编识别码，但普查表里无处填写，怎么办	普查报表指标解释中规定，无统一社会信用代码和组织机构码的企业，将普查对象识别码填入普查表的统一社会信用代码栏	—	自行编码
274	多个处理设施串联时，处理能力是否按加和统计	不能加合	—	处理能力、治理设施
275	企业有超标是否按照直排算	根据排放实际情况填报、核算	—	排放量核算
276	2017 年度下半年获得新版排污许可证，在填报时是否按获证前，获证后分段填报	许可证编号填报新版许可证号码 污染物排放数据仅全年持证且有年度执行报告的使用执行报告排放量	—	排污许可证、执行报告、排放量
277	某企业自建污水处理厂，既处理自己厂区内的污水，也向外界某些企业进行营利式污水处理，则是否要纳入普查	如果外界企业的污水和自己厂区内的污水一起处理，填工业源普查表，不填集中式	—	污水处理厂、普查范围
278	粮食烘干塔热风炉，属于工业锅炉还是工业炉窑	属于工业炉窑	—	热风炉

序号	问题	释疑	表号	关键字
279	关于共用治污设施的问题： （1）共用治污设施（脱硫、脱硝）的几台锅炉污染物产生量、排放量、效率等如何分配计算 （2）排污设施（生产设备）存在备用设备，一般共用治污设施，如何分配产排污量、效率 （3）多台设施工况不同，运行时间不同，但共用治污设施，治污设备运行时间如何填？各设备产排污量如何计算	按照治污设备运行时间和产污系数核算污染物产生量，污染物去除效率按平均值折算	—	公用治污设施
280	电镀行业是否可用电子电气行业中的电镀工序进行核算	电子电气行业和常规电镀特征不同，核算方法中分别给出了电镀行业污染物核算方法和电子电气污染物核算方法，非电子电气行业电镀工序核算污染物排量需依据常规电镀方法核算	—	电镀
281	清查时，停产日期如填报错误，普查时是否能修改	普查报表中没有停产日期调查指标，在生产时间中如实填报即可，如有必要可在备注中予以说明；普查入户调查时，发现普查对象清查填报信息有误时，以入户调查核实的情况为准	—	停产日期、清查信息错误
282	停产的企业无人填表怎么办？对于 2017 年以前就停产（有些企业已停产 3 年以上）的企业，如何开展普查工作	在确实无法联系到填报主体的情况下，在普查 G101-1 表备注说明情况；区县普查机构将此类情况汇总逐级上报	—	停产企业
283	涂装、汽修行业清查过程中没有纳入，普查过程中纳入进去	根据实事求是原则，属于清查过程中漏填、漏报的，应当纳入普查，或本地有实际管理需求的，可以纳入普查	—	工业企业填报范围
284	对纳入普查单位基本名录库中的企业行业代码不在 06~46 的企业是否可以不开展入户普查	结合清查结果，根据实事求是原则，对有污染物产生和排放的工业企业开展入户调查	—	工业企业、行业范围、填报范围
285	企业名称相同，地址不同，行业类别不同，是填在同一张表还是分开填报	同一企业有不同生产活动单元，产业活动单元不在同一地址的，分别填报	—	不同产业活动单元
286	同一大型企业有多个厂区，厂区分布在不同普查小区，属于同一县的填写几张表；（按一家企业填报，还是分厂区填报）同一大型企业厂区占了几个普查小区的如何填、算哪个小区	同一企业有不同活动单元，产业活动单元不在同一地址的，分别填报 同一大型企业厂区占了几个普查小区的，在普查小区划定时，或者落实普查任务时，应指定该企业归属哪个小区进行填报	—	不同产业活动单元

序号	问题	释疑	表号	关键字
287	不在同一县区的大型联合企业（或集团），即下属单位在不同县区，还填顺序码吗	在同一个县域内的需要填报顺序码，不在同一县的不需要填报顺序码	—	统一社会信用代码顺序码
288	工业企业报表，正常生产时间，停产的是填"0"还是空着 类似问题：停产单位相关指标如生产时间、工业产值等指标是留白还是填"0"	若是不涉及指标所提内容，该指标空着不填；若是调查指标在本厂是 0，则填写"0"	—	指标填报
289	企业停产：（1）产生废气、废水的工序，2017 年全年停产，其他工序正常生产，清查时，该公司运行状态为"运行"，是只填一张基表就可以吗 （2）企业停产日期如在 2017 年 5 月，生产设备还在，但已联系不上联系人，确认不再生产，是全部报表都填报或只填 3 张基表或上报地方普查办不再纳入普查	（1）如实填报，不涉及的内容空着即可；（2）在确实无法联系到填报主体的情况下，在普查 G101-1 表备注说明情况；区县普查机构将此类情况汇总逐级上报	—	停产企业
290	家具制造里面产品的单位是立方米，这个是要求把产出产品进行折算吗，因为大多是用板材面积或者产品件数来计，这个是不是根据原料板材消耗折算一个，还是用产品面积乘于产品板材厚度得到	家具制造产品核算单位已经修改，根据不同的污染因子单位不同，如颗粒物单位有克/吨-原料、克/公斤-涂料、克/平方米-产品	—	家具制造产排污
291	企业 A，自己没治理设施，生产废水排入 B 厂处理，处理的水纳管排入城镇污水处理厂处理，请问这种情况下，A 厂的污染物产生量，排放量以哪个界面来定	A 厂的产生量用产排污系数法或用 A 厂出厂界浓度来核算；排放量以污水处理厂出口浓度核算	—	污水排入其他企业
292	水泥企业开采石灰石，石灰石全部用于熟料生产，没有外售，按照报表制度，按主要产品确定行业类别，石灰石应是中间产品，不是企业的主要产品，水泥行业填报的时候，行业还选择填不填1011 石灰石、石膏开采	行业类别的选取按照主要产品，主要产品包括与污染物产排密切相关的最终产品和中间产品，故该种情况需要填报 1011 石灰石、石膏开采	—	水泥行业

序号	问题	释疑	表号	关键字
293	关于用系数法或污水处理厂出口浓度核算，使产生量小于排放量，这个最新的文件里是否已经删除这块解决方案了	用系数法或污水处理厂出口浓度核算，若产生量小于排放量，按照产生量等于排放量处理。工业源培训课件里有明确要求	—	产生量小于排放量
294	请问纳管企业的污水处理厂的浓度要需要重新计算，还是可以直接用 2017 年环统数据	纳管企业用排入的污水处理厂实际出口浓度核算废水污染物排放量，若 2017 年环统数据是按照环统要求采集的监测数据，可保持一致	—	纳管企业污水处理厂
295	A 厂有厂房和设备，目前是停产状态；B 厂有营业执照，租用 A 厂的厂房和设备 2017 年生产，清查阶段均考虑纳入普查。请问入户调查阶段 A 厂和 B 厂的设备和排污口等如何填写	A 厂按停产状态，按照停产企业要求填报的指标填报；B 厂按照正常生产填报	—	厂房设备租用
296	一个企业正常生产时有废水产生，企业也有废水治理设施和排口；但是，2017 年度为全年停产，是否还需要填 G102 表；也就是说 G101 表指标 16 如何选择；因为设施本身是存在的，以后也有复产可能	若 2017 年度确为全年停产，G101 表指标 16 选"否"，仅需要填报填写产品生产能力、污染治理设施治理能力等信息，有固体物料堆场、固体废物填埋处理等信息	—	全年停产
297	清查时因行业代码填写错误纳入普查名录，实际不在 06～44 大类里，在入户调查时是在普查名录库管理中填写原因禁用，不再入户填表？还是也需要启用，只填写 G101 表，在 G101 表下面备注栏填写原因行业代码错误，其他表不再填写	不允许删减清查库；若确实属于无污染物产生、不排污的调查对象，需写明情况逐级上报	—	行业大类

附表2　集中式污染治理设施普查问题释疑

序号	问题	释疑	表号	关键字
1	法定代表人、联系人、单位负责人、填表人等填写所属单位的还是运营单位的	法定代表人填写所属单位的，如果该污水处理厂正由运营单位运行管理，联系人、单位负责人和填表人填运营单位的相关人员，如无运行单位，则填所属单位的相关人员	J101-1 表	法定代表人
2	一企业运营多家污水处理厂，各污水处理厂无单独统一社会信用代码，如何填写信用代码	各污水处理厂填写该企业法人的统一社会信用代码，并在统一社会信用代码后的括号内填写两位数的顺序编码以示区分	J101-1 表	统一社会信用代码
3	如果是农村污水治理设施，尾水排入农田进行灌溉，则受纳水体填什么呢	农村污水处理厂尾水排入农田的，排水去向类型选择"直接进入污灌农田"	J101-1 表	受纳水体
4	如果污水处理厂实际处理水量大于设计量，应如何填报	按实际处理水量填报	J101-1 表	污水处理量
5	农村集中式污水处理厂，无污泥或几年清一次污泥，干污泥产生量如何填写	按实际情况填写，2017 年如果没有就不填写（普查员需现场核实确认）	J101-1 表	污泥
6	5. 城镇污水处理厂普查时能否改为工业污水集中处理厂	污水处理厂的归类不能随意改变，如果清查时归类错误，在普查时可根据实际情况修正过来	J101-1 表	污水处理厂类型
7	污水处理厂污水处理方法有多个如何填写	不同的处理方法分别进行填报。按处理水量由大到小的顺序填报	J101-1 表	处理方法
8	某一乡（镇）政府（存在统一社会信用代码）同时运营管理 30 家农村集中式污水处理设施（无信用代码），则信用代码应填普查对象识别码还是乡（镇）政府统一社会信用代码+（顺序编码）	农村污水处理厂如果法人或建设单位是乡镇政府，则填报乡镇政府的统一社会信用代码，如果都是同一个法人（乡镇政府），则都填同一个统一社会信用代码或织机构代码，加顺序编码区分	J101-1 表	统一社会信用代码
9	污水处理厂的产权单位是政府，法人一栏该如何填写，还是填写运营单位的法人	填产权单位的法人	J101-1 表	法定代表人
10	实际处理污水中除主要的生活污水外还有雨水，这部分不能准确计算	根据雨季和旱季处理水量差进行扣除，如无法实现，按实际处理量填报	J101-2 表	处理水量
11	（1）农村式一体化污水处理站运行时间不是连续的，运行时间如何填写（2）部分农村污水站点无流量计，实际处理量怎么确定	（1）按实际运行的天数进行填报（2）实际处理量可以进行估算填报，估算依据清楚合理即可；运行时间和污水处理量有直接关系	J101-2 表	运行时间、处理量

序号	问题	释疑	表号	关键字
12	城镇污水处理厂是纳入集中式污染治理设施普查还是纳入工业源普查	《国民经济行业分类》代码46大类中"4620 污水处理及其再生利用"纳入集中式污染治理设施普查，不纳入工业源普查	—	普查对象
13	乡镇卫生医院产生的废水经乡镇卫生医院自建的污水处理设施处理后排放外环境，是否纳入集中式污染治理设施	不纳入。自建自用的污水处理设施不纳入集中式污染治理设施普查范围	—	普查范围
14	若一家公司有4家污水处理厂，均使用同一个统一社会信用代码，"废水排放口编号"是4家统一编号还是分别编号	统一社会信用代码之后的括号内的两位码为顺序，4家污水处理厂的统一社会信用代码一样，可在括号内填写顺序码以示区分，每家污水处理厂排放口单独编号	J101-3 表	污水处理厂、排放口
15	污水处理厂在线监测设备有效性如果不符合规定要求，在线监测数据能否用于污染物排放量核算	在线监测设备数据的有效性不符合规定要求，不能用于污染物排放量核算	J101-3 表	在线监测、核算
16	农村集中式污染治理设施是否需填报普查表，填哪张	符合普查范围的农村污水处理设施都要填报普查表 J101-1、J101-2、J101-3	—	农村、污水处理
17	重金属未检出如何填写，是不填或填"0"，还是填检出限	填"0"	J101-3 表	监测、检出限
18	（1）企业自行监测是否要求有相关资质；（2）委托监测是否必须满足4次监测的数据才能使用	（1）企业自己监测没有规定必须有资质，委托单位必须有资质（2）委托监测全年有4次监测结果才能使用	J101-3 表	监测、数据
19	污水处理厂雨季水量激增，各污染物浓度相应上升，如果取平均值是否应对雨季数据做加权处理	监测数据表中年均值浓度指年加权平均浓度，不需要再单独对雨季数据进行加权处理	J101-3 表	污水处理厂、浓度
20	监测数据除自动（在线）监测数据外，是否还可以用监督性监测或手工监测数据	只要符合监测数据使用规定都可以用，但监测数据使用的优先序为自动监测数据（在线数据）、自行（手工）监测数据、监督性监测数据	J101-3 表、J104-1 表、J104-2 表	监测数据
21	垃圾处理厂填埋产生的气体通过火炬燃烧排污是否填报，如填报填在哪	不填报	J102-1 表	垃圾、填埋
22	生活垃圾填埋场，产生的废水（渗滤液）直接回喷至填埋场，排水去向类型怎么填	选择G（进入地渗或蒸发地）	J102-1 表	渗滤液
23	垃圾焚烧发电厂不要填写废水、废气数据监测表吗	对，垃圾焚烧发电厂废水和废气污染物排放量均填写在工业源中	J102-1 表	垃圾焚烧、监测数据

序号	问题	释疑	表号	关键字
24	已封场的生活垃圾填埋场是否纳入普查	已封场垃圾处理厂不纳入普查	J102-2 表	普查范围
25	市级粪便无害化处置中心是否纳入普查，如是，填集中式污染治理设施还是工业源报表	粪便处置厂不属于本次普查的范围，如地方有需求，可自行规定	—	普查范围
26	垃圾焚烧发电厂，清查阶段是纳入集中式污染治理设施的，发电厂不会纳入，如这次 J103 表和 J104 表不填报，可能要落项	按《国民经济行业分类》，垃圾焚烧发电厂属工业源，应纳入工业源普查范围；首先需要填报工业源普查表（按工业源的要求填报），其次需要填报 J102-1 表[生活垃圾集中处置场（厂）基本情况]和 J102-2 表[生活垃圾集中处置场（厂）运行情况]，因污染物监测和排放情况都已填入工业源报表中，为避免重复统计，不能再填 J104 表	J102-2 表	焚烧、发电
27	垃圾转运站比较大，有废水、废气排放，是否填报集中式污染治理设施普查表	垃圾转运站未对垃圾进行处理，只是压缩转运，不属于集中式普查范围	J102-2 表	垃圾转运
28	（1）生活垃圾集中处置场（厂）运行情况表（1）炉渣处置方式如果是综合利用，指标解释中无综合利用的代码 （2）炉渣处置方式多样化如何填报代码 （3）"20 助燃剂使用情况"不是使用表格中所列 3 种助燃剂，使用其他助燃剂是否需要填报，如何填报	（1）普查对综合利用方式不调查，只需要填写综合利用量即可 （2）普查对象产生的炉渣有多种"处置方式"，则选处置量最大的处置方式填报 （3）普查对 3 种以外的助燃剂暂不调查。如使用 3 种以外的不需要填写	J102-2 表	炉渣
29	（1）垃圾处理厂"04 已填容量"是否包括"已使用黏土覆盖区或塑料土工膜覆盖区" （2）生活垃圾集中处置厂运行情况（J102-2 表）表中，正在填埋作业区面积指什么（统计节点为 2017 年），如何填报	（1）是的，已填容量包括"已使用黏土覆盖区或塑料土工膜覆盖区" （2）填埋作业区面积指截至 2017 年 12 月 31 日垃圾填埋场尚未进行黏土或土工膜覆盖区域的面积	J102-2 表	生活垃圾、填埋
30	危险废物经营单位若已纳入工业源普查，不再纳入危废集中处理处置单位普查，如纳入工业源普查，是否需要填写 J103-1 表和 J103-2 表	综合利用或处置是企业的全部生产活动，要填集中式表，不填工业源表，综合利用是企业生产活动的一部分，填报工业源表，不填集中式表。处置危险废物是企业生产一部分的，既要填工业源表，又要填集中式普查表，但集中式表只需填表 1（基本信息）和表 2（运行情况），不填监测表和污染物排放量表	J102-2 表、J102-3 表	危险废物处置单位

序号	问题	释疑	表号	关键字
31	J103-1 表危险废物集中处置厂基本情况表，若废水回用，则排水去向类型是否是不需要填写	不需要填写	J103-1 表	排水去向
32	最近的受纳水体为无代码河道，非功能区划河道，是否按最终排向的水体（有最终代码的河道）填报	按最终排向的水体（有最终代码的河道）填报	J103-1 表	排水去向
33	医院没有处理危废的处置厂，但是有医疗废水的处理设施，请问医院的废水处理设施填什么表	医院自建自用设施不属于集中式普查范围，不填集中式普查表	—	调查对象
34	有一家危险废物收集资质单位，收集工业和民用铅酸蓄电池，然后集中给其他单位处理处置，仅有一些生活污水排放，按规定不填 J103-2 表，按《国民经济行业分类》应属于服务业 7724，是否不纳入普查范围	不纳入集中式普查范围	—	危险废物、处置、收集
35	对于生活垃圾填埋厂，危废处理厂处于停产情况怎样填报	填报基本信息表和运行情况表有关信息	J103-2 表	停产
36	协同处置，用水泥窑协同处置生活垃圾或危险废物的企业，在清查阶段是纳入工业企业的，集中式的名单中是没有的，如何要求再填 J101 表和 J102 表	水泥窑协同处置垃圾归入工业源普查，不再纳入集中式普查。水泥窑协同处置危险废物需纳入集中式普查，普查入户调查时，发现普查对象协调处置危险废物的，应要求其填报工业源普查表的同时，填报集中式普查表 J103-1 和 J103-2	J103-2 表	协同处置
37	废水不外排且排污许可证上也无排口的，是否不用填写监测表	不需要填写	J104-1 表	监测
38	废水监测数据表中的流量是指产生流量还是排放流量	排放流量	J104-1 表	监测、流量
39	J104-1 表为废水监测数据表，部分生活垃圾处理场废水不外排，只排至场内进行中水回用(绿化、降尘、除臭)，并对中水回用排水进行自行监测(化验是否满足回用标准)，这部分排水监测数据是否填报 J104-1 表，如填报该表则会自动生成废水污染物排放量 J104-3 表，实际该企业未有废水污染物排放至场外，如何填报	处理后的废水如不排出场外，在场区内回用则不需要填报监测表	J104-1 表	监测数据